Generis
PUBLISHING

AF687596

IRREGULARITES PLUVIOMETRIQUES ET BANANECULTURE PLANTAIN DANS LA SOUS PREFECTURE DE TAABO

KOUADIO Djèh Olivier

Title: **IRREGULARITES PLUVIOMETRIQUES ET BANANECULTURE PLANTAIN DANS LA SOUS PREFECTURE DE TAABO**

ISBN: 979-8-89966-055-9

Author: KOUADIO Djèh Olivier

Cover image: https://pixabay.com/

Publisher: Generis Publishing
Online orders: www.generis-publishing.com
Contact email: info@generis-publishing.com

SOMMAIRE

SIGLES ET ACRONYMES

ANADER : Agence Nationale d'Appui au Développement Rural.

BM : Banque Mondiale

CIRAD : Centre de Coopération Internationale en Recherche Agronomique pour le Développement.

CNRA : Centre National de Recherche Agronomique.

CNUCED : Conférence des Nations Unies sur le Commerce Et le Développement.

CSRS : Centre Suisse de Recherche Scientifique

ETP : Evapotranspiration potentiel

GVC : Groupement à Vocation Agricole

INIBAP : Réseau International pour l'Amélioration de la Banane et de la Banane Plantain.

INS : Institut Nationale de la Statistique.

kg : kilogramme.

OMM : Organisation Météorologique Mondiale.

PAS-PNA : Projet d'Appui Scientifique au processus de Plan Nationaux d'Adaptation

PIB : Produit Intérieur Brut.

RAC-F : Reseau Action Climat France

UAO : Université Alassane Ouatara.

UVICOCI : Union des Villes et Commune de Côte d'Ivoire

UPGC : Université Peleforo Gon Coulibaly.

DEDICACE

Je dédie ce mémoire à :

-mon père feu Kouadio Etien *qui me soutenais financièrement et m'encourageais à poursuivre les études universitaires et dont le rêve était de me voir obtenir le doctorat.*

-ma mère Djézou Aphia Brigitte *qui s'est appropriée ce rôle de père en toujours me soutenant financièrement à m'encourageant à gravier les différents échelons du cursus universitaire.*

-tous les membres de ma famille pour leurs conseils, leurs soutiens moraux et financiers.

- mes amis (es) pour les échangent qui m'ont été d'une grande aide dans la rédaction de ce présent travail ainsi qu'à tous ceux qui m'ont soutenu d'une manière quelconque.

AVANT-PROPOS ET REMERCIEMENTS

La passion est d'une importance capitale dans la réalisation et l'atteinte des objectifs que l'on se fixe quelque soit le domaine d'activité. Elle est encore primordiale lorsqu'il s'agit de la rédaction d'un travail de recherche. Plusieurs auteurs, de part et d'autre, ont travaillé sur le climat à travers le monde, les pays, les régions et même des villages sur la variabilité climatique observée ces derniers siècles AHOUE, (2018). Le changement climatique en Côte d'Ivoire se traduit par une modification des paramètres climatiques. En Afrique subsaharienne, le nombre de personnes exposées à l'insécurité alimentaire à augmenter de 125 millions en 1980 à 200 millions en 2000 MOLDEN, (2007) cité par RUFIN et al (2016). Les cultures vivrières de subsistance dans les milieux rurales et d'approvisionnement des marchés urbain en Côte d'Ivoire connaissent des moments de rupture. Pour assurer sa sécurité alimentaire, la Côte d'Ivoire importe des produits alimentaires malgré ces énormes potentialités agricoles (MINISTERE DE L'AGRICULTURE, 2011). Ce sont autant de faits qui nous poussent à mener cette étude agroclimatologique dans un pays à vocation agricole comme le nôtre où l'agriculture reste traditionnelle et très dépendante du climat et notamment de la pluviométrie. Les variations climatiques actuelles sont difficiles à cernées par les agriculteurs ; ce qui rend leur activité vulnérable. Il y a lieu de s'inquiéter car, l'économie du pays, le bien être des paysans et la lutte contre l'insécurité alimentaire sont étroitement liés à l'agriculture. A travers ce travail, nous voulons contribuer à une meilleure connaissance des impacts de cette variabilité climatique sur l'agriculture. La réalisation de notre travail a été possible grâce à la contribution et au soutien de nombreuses personnes.

Nos remerciements vont à l'endroit de :

Monsieur DJAKO ARSENE, Professeur titulaire et chef du département de géographie.

Monsieur KOFFI BROU EMILE, Professeur titulaire qui m'a permis de trouver un encadreur après mon transfert de l'UPGC à l'UAO.

Monsieur DIOMANDE BEH IBRAIM, Maitre de Conférences qui malgré ses charges a bien accepté d'encadrer ce travail par l'apport des suggestions et critiques constructives.

Tout le corps enseignant du département de géographie pour la qualité des enseignements dispensés qui nous ont été très bénéfiques dans la réalisation de notre travail.

Madame DIOBO SABINE épouse DOUDOU, docteur et enseignante au département de géographie de l'Université Péléforo Gon Coulibaly (UPGC) et au doctorant AHOUE KONAN HENRI pour ses conseils depuis mon transfert de cet établissement pour poursuivre mes études à l'UAO.

Monsieur N'TAKPE OKOMA KEVIN, doctorant qui m'a guidé dans cette tache sous la conduite de mon encadreur. Ma famille pour m'avoir apportée leur encouragement, leur soutien financier et moral ainsi qu'à mes amis (es) étudiants et étudiantes de l'UAO et de L'UPGC.

INTRODUCTION GENERALE

1- CONTEXTE DE L'ETUDE

Jadis, l'homme ne vivait que de la chasse et de la cueillette. La végétation était intacte et naturelle. Le climat à cette période n'était pas véritablement influencer puisque l'effet de serre qui se produisais au moment des échanges entre la terre et l'atmosphère étais dit naturel. Avec la croissance démographique et dans le souci de vivre une vie meilleur, l'homme ne se contentera plus de vivre seulement de chasse et cueillette. Dans l'optique d'assurer sa sécurité alimentaire et de bâtir un monde moderne et industrialisé, l'homme se trouve dans l'obligation de détruire la végétation pour s'y installer et mené ses activités. Ses activités qui sont entre autre la création de ville industrielle, la pratique de l'agriculture, l'exploitation forestière et minière etc...contribuent à la modification de la lithosphère, de l'hydrosphère et de la biosphère. Cependant, la révolution industrielle qu'a connue le monde au XVIIème siècle se présente comme le point focal de la destruction de la couche d'ozone. L'effet de serre additionnelle qui émane de la pratique de ces activités pratiquées par l'homme, agit sur l'atmosphère en engendrant la modification des paramètres climatiques.

Tous les pays quelques soit leurs situation géographiques sont sous la menace de ce phénomène de changement climatique. Un rapport du Réseau Action Climat France (RAC-F) publié en 2011 à ce titre atteste que la température mondiale a augmenté en moyenne de 0,8°C depuis 1870. Ce changement du climat à l'échelle planétaire se traduit aussi par l'augmentation du niveau de la mer, des Océans, par la fonte des calottes glaciaires... Les pays du Sud sont ce pendant les plus vulnérables face à ce phénomène du fait de leur incapacité à faire facc au risque.

En Afrique de l'Ouest, la situation se présente par des sècheresses récurrentes et irrégulières, des perturbations des régimes pluviométriques avec des déficits pluviométriques de l'ordre de 20% à 30% et des baisses des débits des cours d'eau (DIOMANDE et al, 2008). Des inondations sont enregistrées dans les pays tels que le Sénégal, le Ghana, la Guinée et même au Burkina Faso et au mali qui sont des pays avec un climat aride durant ces dernières décennie. A l'instar des autres pays d'Afrique de l'Ouest, la Côte d'Ivoire n'échappe pas au phénomène du changement climatique.

Différentes études le prouvent, notamment celle de (N'GUETTIA et al, 2013) atteste une baisse moyenne de 18,10% de la pluviométrie dans les villes d'Abidjan, de Soubré, de Gagnoa, de Bondoukou, de Bouaké et d'Abengourou.

Les inondations dans les villes telles que San-Pédro, Daloa, Abidjan et autres au cours de ces dernières années et le glissement de terrain qui s'est produit dans la ville d'Anyama en juin 2020 provoquant d'énormes pertes socio-économiques et en vie humaine sont les conséquences de la manifestation du changement climatique. Dans l'Agnébi-Tiassa, région dans laquelle se situent les départements de Tiassalé et de Taabo, le climat connaît également une variation. En effet, selon une étude de (TELESPHORE et al 2005), la zone couvrant ces deux localités se situaient avant 1970 dans une zone de précipitations supérieures à 1200mm s'est vue plongée dans une zone inferieure à 1200mm après 1970. Dans la région de Taabo, on assiste depuis un certain temps à une saison sèche de plus en plus longue. Elle est à la base de nombreux problèmes dont le tarissement des cours d'eau, l'assèchement des nouveaux plans de cacao. On assiste aussi à des pluies d'diluviennes dans le mois de juin rendant ainsi les voies de communications impraticables avec les dégâts socio-économiques importants. Une revue de la littérature parait indispensable pour nous en vue de mieux cerner tous les contours de notre sujet.

2- REVUE DE LA LITTERATURE

La revue de la littérature a été la première tâche à laquelle nous nous sommes livré. Elle a été possible en nous investissant profondément dans une recherche documentaire. Cette recherche documentaire s'est fait exclusivement les sites internets. Les principaux axes qui se dégagent au sortir de cette revue de littérature se structure comme suite :

-les impacts du climat sur les cultures.

-les impacts du climat sur l'activité agricole.

2.1- Les impacts du climat sur les cultures.

Les impacts du climat sur les cultures sont perceptibles à travers leur effet sur le développement des cultures, sur le rendement et la production agricole.

2.1.1- Impacts du climat sur le développement des cultures.

Selon leur article intitulé « la variabilité climatique en Côte d'Ivoire : entre perception sociales et réponses agricoles », (TELESPHORE et al 2005) utilisent des enquêtes par questionnaires pour aboutir à leurs résultats. Pour eux, les difficultés d'accès à l'eau entravent le développement de l'igname, du riz et du maïs. Toujours selon eux, les incertitudes climatiques sont responsables de la modification du calendrier cultural et de la récolte.

YABI, (2013) utilise les enquêtes par questionnaires et les observations directes de terrain pour parvenir à ses résultats dans son article intitulé « perception paysannes des facteurs de risques climatiques sur la production de l'ananas à Toffo au Bénin ». Selon lui, les paramètres climatiques influencent directement ou indirectement la culture de l'ananas. Les aléas qui influent sur la culture de l'ananas sont : les pluies insuffisantes, le début tardif des pluies, la rupture de pluie, les inondations, les pluies violentes, la fin précoce de pluie, la forte chaleur et l'harmattan précoce.

Pour aboutir à leurs résultats, (DIOMANDE et al 2015) utilisent la démarche agro-climatologique et les enquêtes de terrain. Dans leur article qui s'intitule « vulnérabilité de l'agriculture pluviale au changement du régime pluviométrique et adaptation des communautés rurales du « V Baoulé » en Côte d'Ivoire », il ressort que les interruptions des pluies pendant le mois de mai et l'occurrence élevée des séquences sèches pendant les périodes humides constituent des menaces pour les cycles des plantes et des semences. Toujours selon eux, les exigences pluviométriques des cultures pérennes et de l'igname les exposent aux incertitudes pluviométriques.

(NOUFE et al 2011) utilisent l'indice pluviométrique selon la formule proposée par Lamb pour aboutir à leurs résultats dans leur article intitulé « variabilité climatique et production de maïs en culture pluviale dans l'Est Ivoirien ». Selon ces auteurs, la baisse de la pluviométrie dégrade les conditions de développement de la maïsiculture mais n'impacte pas la production dans le premier cycle culturale.

2.1.2- L'impact du climat sur les rendements agricoles

(MBABNICK et al 2018), dans leur article qui a pour titre la variabilité pluviométrique et ses incidences sur les rendements agricoles dans la région des terres neuves du Sénégal oriental, utilisent les enquêtes par entretiens et par questionnaires pour aboutir à leurs résultats. Selon eux, le rendement du maïs, du sorgho, du mil et de l'arachide sont liés à la fréquence des pauses sèches pluviométriques. Pour eux, les rendements sont aussi liés à l'utilisation des techniques et outils sommaires.

Dans sa thèse « sècheresses et vulnérabilités socio-spatiales dans le quart-nord de la Côte d'Ivoire », KANGA, (2016) utilise des méthodes statistiques telles que le coefficient pluviométrique relatif d'angot (Q), l'indice pluviométrique de nicholson (1998) pour parvenir à ses résultats. Selon lui, la pluviométrie annuelle et la sècheresse météorologique dans cette partie du pays influence le rendement de l'igname.

Selon un rapport de l'IFPRI intitulé « changement climatique : impact sur l'agriculture et coûts de l'adaptation » rédigé par (GERALD et al, 2009), les méthodes utilisées pour aboutir aux résultats sont d'ordre statistiques. Dans ce rapport, le modèle Biophysique DSSAT est utilisé pour montrer que la baisse des rendements des cultures pluviales provient des changements de température et de précipitations. Quant aux cultures irriguées, leur baisse de rendement est dû à des changements de températures.

Dans son mémoire intitulé « impact du changement climatique sur la culture du riz pluvial en Haut Guinée et proposition de stratégies d'adaptation », BEAVOGUI (2012) utilise des méthodes statistiques pour aboutir à ses résultats. Selon lui, les principaux impacts du changement climatique en Haute Guinée sont la perte de connaissance sur la période de semis, le mauvais remplissage des grains, la baisse des rendements et l'inondation des cultures dues aux crues et à l'augmentation des parasites.

En 2011, DIOMANDE utilise dans sa thèse qui a pour sujet « évolution climatique récente dans les régions nord-ouest de la Côte d'Ivoire et ses impacts environnementaux et socio-économiques » des méthodes statistiques et des enquêtes de terrain pour aboutir à ses résultats. Pour lui, la production vivrière est en corrélation avec les facteurs du climat. A l'instar du vivrier, les cultures subissent aussi des effets du changement climatique. C'est le cas de la canne à sucre dont le rendement est influencé négativement par les modifications pluviométriques.

Dans son mémoire intitulé «Impact du changement climatique sur les rendements du mil et le l'arachide au Sénégal », LEO (2015) se base sur des modèles climatiques tels que (Coupled Model Intercomparaison Project (CMIP) ; Global Climatic Model (GCM) pour parvenir à ses résultats. Selon lui, l'augmentation du niveau de fertilisation entraîne systématiquement une augmentation des rendements. Par contre au niveau des scenarios de températures, on observe systématiquement une baisse des rendements provoquée par la raréfaction des ressources pluviométriques et l'augmentation de températures.

Dans sa thèse qui a pour sujet « changements climatiques et production agricole dans l'Ouest de la république centrafricaine », DOUKPOLO (2014) utilise des modèles statistiques de simulation sèche et humide pour aboutir à ses résultats. Pour lui, les rendements des cultures telles que le maïs, l'igname connaitrons des baisses de rendement à l'horizon 2025 ; 2050 ; 2075 dans un contexte de changement climatique.

NOUFE, (2011) utilise des méthodes statistiques dans sa thèse pour aboutir à ses résultats. Cette thèse a pour sujet « changement hydro-climatiques et transformations de l'agriculture : l'exemple des paysanneries de l'Est de la Côte d'Ivoire ». Selon lui, la baisse de la pluviométrie dans l'ensemble de l'Est Ivoirien n'impacte pas le rendement du maïs dans la mesure où il est en hausse à l'acception de Dimbokro situé au centre est. Pour lui, cette situation est due au fait que la culture du maïs bénéficie des effets de l'engrais utilisé par les paysans pour le coton.

Dans un rapport du Projet d'Appui Scientifique aux processus de Plan Nationaux d'adaptation (PAS-PNA), (FAYE et al 2019) utilisent les méthodes statistiques pour parvenir à leurs résultats. Selon eux, les rendements des cultures du mil, du maïs et du sorgho sont étroitement dépendants des pluies, de leur durée, de leur répartition, de leur abondance ou de leur déficit dans la région de Fatik. Pour eux, le rendement n'est pas conditionné par la quantité des pluies. D'autres facteurs comme la régularité des pluies et leur distribution spatio-temporelle sont des éléments essentiels pour la croissance des plantes cultivées.

2.1.3- L'impact du climat sur la production agricole

En 2017, dans son article « variabilité climatique et production maraichère dans la plaine inondable d'Ahomey-Gblon au Bénin », Séraphin utilise des méthodes statistiques pour aboutir à ses résultats. Selon son étude, la production de la Tomate, du piment et de la patate douce au cours des années 2014, 2015 et 2016 connaît une régression à cause de la dégradation des conditions climatiques. Il signifie cependant que la modification des conditions climatiques ne suffit pas pour expliquer la dynamique de ces cultures et ne saurait constituer un facteur limitatif majeur pour leur production.

Dans leur article intitulé « variations climatiques et production vivrière : la culture du maïs dans le système agricole péri-urbain de la commune de Parakou au Nord Bénin », (GILDAS et al 2015) utilisent les méthodes statistiques qui se fondent sur les tests de pettitt, de Buidhand, l'approche bayésienne de lee et Heghinian et la méthode d'Hubert ainsi que des enquêtes de terrain pour aboutir à leurs résultats. Selon eux, la diminution de la production est en corrélation avec la quantité d'eau précipitée. Ils affirment aussi que la hausse des températures et la variation des précipitations ne sont pas les seuls facteurs déterminants d'un bon rendement agricole. Il faut prendre en compte l'état de la fertilité du sol.

MBALAMONA (2015), traitant du sujet « impact des changements climatiques sur l'agriculture et l'environnement lors de la 7ème conférence Africaine sur la population tenue à Johannesburg en Afrique du Sud qui avait pour thème : Dividende démographique ; perspectives, opportunités et défis », utilise une analyse générale pour parvenir à ses résultats. Pour lui, la baisse de la production agricole est causée par la perturbation du calendrier agricole qui lui est liée à l'excès des pluies qui provoquent les maladies des plantes.

Dans son article intitulé « réchauffement climatique et agriculture » WILLIAM, (2008) utilise des modèles climatiques et agro-économiques pour parvenir à ses résultats. Selon l'auteur, le réchauffement climatique entraine la réduction de la production agricole.

Dans leur article intitulé « Impact de la variabilité climatique sur la production du maïs et de l'igname en zone Centre et Nord de la Côte d'Ivoire », (NOUFE et al, 2015) utilisent des méthodes statistiques pour aboutir à leurs résultats. Pour eux, les modifications des conditions climatiques ne suffisent pas à expliquer la dynamique d'ensemble de l'igname et du maïs dans la zone. Toujours selon eux, la durée des saisons culturales en dépit de la dégradation avérée des conditions pluviométriques, ne constitue pas un facteur limitatif majeur pour la production du maïs et de l'igname dans cette zone du pays.

(AKPONIKE et al, 2019) dans leur article intitulé « Etude de vulnérabilité aux changements climatiques du secteur agriculture au Bénin », utilise des méthodes statistiques de simulation et de projection pour parvenir à leurs résultats. Pour eux, les rendements de maïs connaîtront dans le futur une importante variabilité interannuelle. Il ressort aussi de leur simulation que les changements climatiques auront un impact sur la production du maïs et du coton avec des baisses de rendement pouvant aller jusqu'à 30% pour le maïs et 20% pour le coton.

2.2- Impacts du climat sur l'activité agricole et stratégies d'adaptations

Les impacts du changement climatique sur la pratique de l'activité agricole se traduisent par l'adoption de nouvelles cultures, de nouvelles techniques culturales et la modification du calendrier agricole.

2.2.1- L'adoption de nouvelles cultures

Selon un rapport intitulé « étude de vulnérabilité du secteur agricole face aux changements climatiques en Côte d'Ivoire » du Ministère de l'Environnement et du Développement durable, (N'GUETTIA et al 2013) utilisent des méthodes agroclimatiques, des questionnaires et des méthodes mathématiques pour aboutir à leurs résultats. Selon ce rapport, localement les productions et les déficits hydriques amènent les paysans à adopter de nouvelles cultures qui s'adaptent mieux aux nouvelles conditions climatiques.

Dans leur article intitulé « vers un changement climatique du calendrier cultural dans l'écotone foret-savane de la Côte d'Ivoire », (DIOMANDE et al 2013) utilisent la méthode de l'indice pluviométrique et de Fanquin pour aboutir à leurs résultats. Selon eux, le début tardif de la première saison pré-humide et la réduction drastique de la durée de la seconde période humide à amener les agriculteurs à adopter de nouvelles cultures.

Dans son mémoire intitulé « Variabilité pluviométrique et perspective de la culture du mil et du sorgho dans le département de Korhogo » AHOUE (2018), utilise des méthodes statistiques pour arriver à ses résultats. Il ressort de son étude que le raccourcissement de la saison cultural dans le département de Korhogo a conduit à l'abandon de la culture du mil et du sorgho par certains paysans. Toujours selon lui, la baisse de la pluviométrie a engendré un stress hydrique qui affecte non seulement la croissance des céréales mais aussi leurs rendements.

Dans « Pratiques et systèmes agricoles résilients en condition de sècheresse », ASPAR, (2019) s'appuie sur des études antérieures pour parvenir à ses résultats. En se basant sur les projections d'une récente étude réalisée par le Cerfacs de Toulouse (BOE et RADOJEVIC, 2018), il ressort que les épisodes de sécheresse risquent de s'accroitre sur le bassin Seine-Normandie à l'horizon 2030-2060. D'autres simulations indiquent notamment des sécheresses hydrologiques et agricoles. Pour augmenter la résilience des cultures à la sécheresse, l'auteur propose de s'orienter sur le choix des variétés et des espèces cultivées mais aussi sur des rotations de cultures

2.2.2- Adoption de nouvelles techniques culturales

(BIRAME et al, 2014) dans « Pour une agriculture intelligente face aux changements climatiques au Sénégal : Recueil de bonnes pratiques d'adaptation et d'atténuation » utilisent les enquêtes et entretiens pour aboutir à leur résultats. Pour eux, les facteurs climatiques tels que la sècheresse et l'érosion qui sont à la base de la pauvreté des sols et de la perte d'éléments nutritifs ont amené les paysans à adopter de nouvelles techniques en fonction des impacts. Ce sont l'aménagement des cordons pierreux qui permet de réduire la force de ruissellement des eaux de pluie ; la stabilisation des ravines par digues filtrantes qui permet de s'opposer aux contraintes érosives et hydrologiques que posent les pluies intenses ou les écoulements rapides ; le compostage qui permet de produire de la matière organique pour restaurer la fertilité des sols cultivés.

Dans son mémoire qui a pour sujet «L'adaptation des agriculteurs du vivrier du Sénégal au changement climatique : cas de la communauté rurale de Sessène, région de Thiès », FABRE (2010) abouti à résultats grâce à des procédés statistiques et des enquêtes par questionnaires. Pour lui, pour faire face au changement climatique, les villageois de Keur Yérin mettent en place diverses mesures d'adaptations. Selon lui, ces mesures sont les aménagements antiérosifs, la mise en place des systèmes d'irrigation, la modification du choix des cultures et des pratiques culturales. Il y a aussi l'augmentation des surfaces cultivées, l'abandon de la jachère et l'enrichissement des sols.

Dans son mémoire intitulé « Impacts des changements climatiques sur les agriculteurs de la province du Zondoma au Burkina Faso : Adaptation, savoir et vulnérabilité », Marie Joëlle FLUET, (2006) utilise des enquêtes de terrain pour aboutir à ses résultats. Selon lui, pour faire face à une agriculture pluviale, non irriguée et dépendante de la pluie pour son apport en eau et dont les rendements sont de plus en plus faibles, les paysans adoptent de nouvelles techniques agricoles. Il s'agit du Zaï amélioré qui est une technique agricole qui consiste à creuser des trous d'un diamètre de 15 à 20 cm et une profondeur de 10 à 15cm, disposés en écartement suivant les spéculations où est introduite de la fumure organique à la dose de 500g par paquet ; des cordons pierreux qui sont des dispositifs antiérosifs construits en pierres suivant les courbes de niveaux et les demi-lunes.

Dans leur article intitulé « variabilité climatique et production vivrière : la culture du maïs dans le système agricole peri-urbain de la commune de Parakou au Nord-Bénin », (GILDAS et al 2015) utilisent des enquêtes par questionnaire et des méthodes statistiques pour aboutir à leurs résultats. Pour ces auteurs, face aux effets multiples du climat sur les ressources et les moyens de production, les agriculteurs ont développé diverses stratégies d'adaptation. Ce sont la variation des dates de semis, l'adoption de variétés culturales améliorée à cycle court au niveau de la culture du maïs et la modification des pratiques agricoles en adoptant de nouvelles techniques de production.

2.2.3- Modification du calendrier agricole

SEPTINE, (2008) dans sa thèse intitulée « Agriculture et changement climatique au Bénin : Risques climatiques, vulnérabilités et stratégies d'adaptation des populations rurales du département du Couffo » utilise les enquêtes de terrain pour aboutir à ses résultats. Dans sa thèse, il indique que pour faire face aux effets de la variabilité climatique sur l'agriculture, les paysans mettent en place des systèmes d'adaptation. Ces systèmes vont de la modification des dates de semis aux pratiques occultes d'adaptation.

(KOUASSI et al, 2015) dans leur article intitulé « Types de réponses apportées par les paysans faces aux contraintes pluviométriques dans le Centre de la Côte d'Ivoire : cas du département de Daoukro » utilise diverses méthodes statistiques et des enquêtes de terrain pour parvenir à leurs résultats. Pour eux, pour faire face à la variabilité climatique, les paysans ont modifié à l'échelle locale le calendrier cultural.

Dans son mémoire « Impact de la pluviométrie des dix dernières années sur la mise en place des cultures mécanisées en zone cotonnière Ouest du burkina Faso : cas du coton et du maïs », BACYE, (2000) utilise les enquêtes de terrain et les données pluviométriques de station pour parvenir à ses résultats. Le traitement de ces données lui a permis de proposer un calendrier cultural aux paysans. Il affirme cependant que pour faire face aux contraintes pluviométriques, notamment aux retards des pluies ou à leur installation tardive, les paysans sèment dès les premières pluies.

3- LA JUSTIFICATION DU SUJET ET DU CADRE SPATIAL

L'agriculture en Afrique en général et en Côte d'Ivoire en particulier reste dépendante vis-à-vis des paramètres climatiques, du sol et de la main d'œuvre agricole. Les études réalisées par (DIOMANDE et al 2015 ; BEAVOGUI 2012 ; WILLIAM 2008 ; FAYE et al 2018) et autres depuis le phénomène du changement climatique montrent clairement une modification des paramètres climatiques. Cela se traduit par une baisse de la pluviométrie, une modification du calendrier pluviométrique, une hausse des températures et des saisons sèches de plus en plus rudes et longues. A travers eux, nous réalisons que le rendement des cultures vivrières et le développement de ces cultures sont tributaires de la fluctuation pluviométrique. L'étude que nous réalisons dans ce contexte de changement climatique et de ses impacts sur l'agriculture se penche sur un élément particulier du climat qui est la pluviométrie. L'ensemble des auteurs ayant travaillé sur la thématique ont fait des travaux diversifiés et sont parvenues à des résultats éloquents grâce aux méthodes utilisées. Cependant, force est de reconnaitre que d'autres analyses méritent d'être menées sur cette thématique. Ainsi, la présente étude s'appuie notamment sur l'impact du climat sur une culture particulière ; banane plantain et dans une zone encore moins exploitée scientifiquement qui est la sous-préfecture de Taabo.

La sous-préfecture de Taabo est située au Centre de la Côte d'Ivoire, à la limite de la forêt et de la savane, à la pointe du « V-Baoulé ». Elle est inscrite entre 6°/6°15' de latitude Nord et entre 5°/5°12' de longitude Ouest. La ville de Taabo est devenue un chef-lieu de département le 03 juillet 2012 depuis la réforme territoriale et dépend de la région de l'Agnéby-Tiassa (UVICOCI, 2012). Traversée par le fleuve Bandama, la sous-préfecture de Taabo bénéficie d'un climat éburnéen de type équatorial de transition. Ce climat se caractérise par l'existence de quatre saisons, dont deux saisons pluvieuses et deux saisons sèches. Selon (AVENARD et al, 1971) cité par KOUDOU (2012), les sols offriraient une juxtaposition des sols remaniés modaux et des sols remaniés avec recouvrement qui alternent entre des propriétés physiques bornes à médiocres. Les études menées par la DCGTx (1989) sur le couvert végétal du bassin du Bandama révèlent que la sous-préfecture de Taabo se trouve dans le domaine Guinéen et plus précisément dans le secteur mésophile. Le relief dans la sous-préfecture de Taabo est dans l'ensemble plan hormis quelques collines au Nord de Taabo-village et des buttes isolées KOUDOU, (2012). La population de la sous-préfecture de Taabo est majoritairement jeune et est composée de Souamlin, de Baoulé et de Dida. Plus de 90% de cette population est agricole et on note la présence de coopératives agricoles et de Groupements à Vocation Agricole (GVC) dans plusieurs villages. Les GVC sont indispensables au développement du secteur agricole. Cependant, force est de constater que malgré les potentialités physiques et socio-économiques de cette sous-préfecture, le climat impacte l'agriculture dans son ensemble et celle de la banane plantain en particulier.

Carte 1 : LOCALISATION DE LA ZONE D'ETUDE

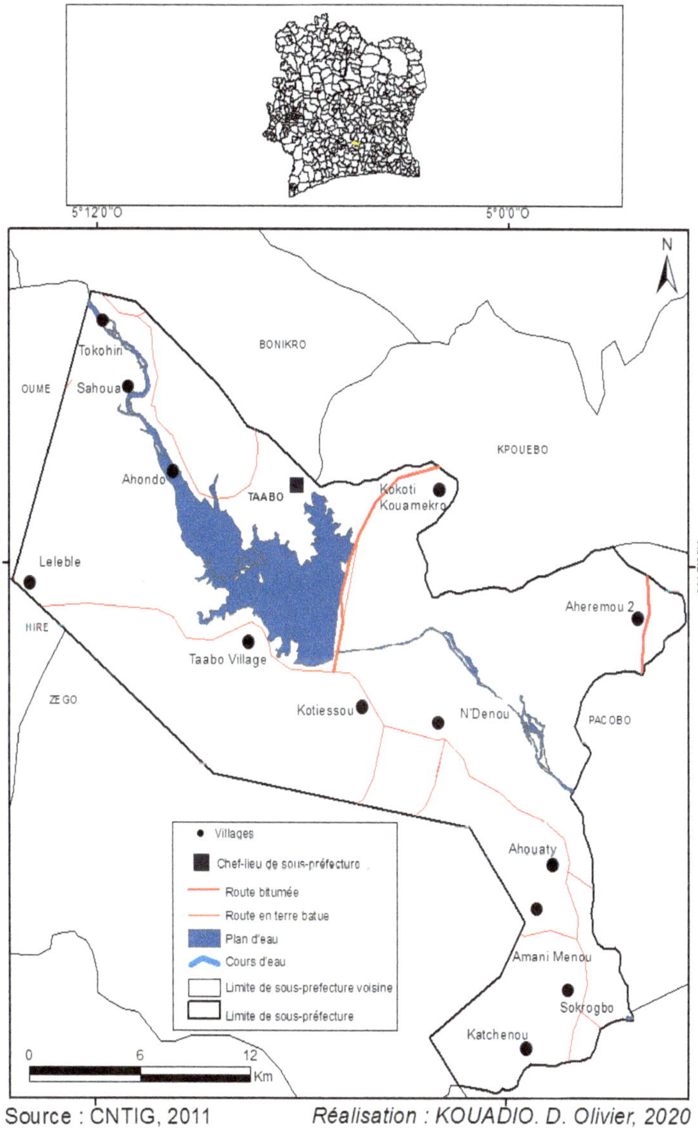

Source : CNTIG, 2011 *Réalisation : KOUADIO. D. Olivier, 2020*

4- PROBLEMATIQUE DE LA RECHERCHE

Dès l'accession à son indépendance le 07 Août 1960, l'Etat Ivoirien a axé son économie sur le binôme café-cacao (MINISTERE DE L'AGRICULTURE, 2009 ; BIGOT, 2004 ; MINISTERE DE L'AGRICULTURE, DE L'AGROALIMENTAIRE ET DE LA FORET, 2015). Cette agriculture a permis une forte croissance de l'économie ivoirienne de 1960 à 1980 avec la flambée du prix des produits agricoles tels que le cacao et le café sur le marché international (SARA, 1999). A cette période, on parlait du « *miracle économique ivoirien* ». En 2013, l'agriculture représentait 22,3% du PIB (BM, 2013), 47% des exportations globales du pays et 56% en 2012. Plus important encore, l'agriculture ivoirienne emploie 46% de la population active et fait vivre les 2/3 de la population (FAO, 2003 ; BIGOT, 2014 ; RECENSEMENT, 2014). Cette agriculture qui fait du bien au développement socio-économique du pays est cependant confrontée à de nombreux problèmes. Le prix des produits agricoles ivoiriens est tributaire du prix des produits sur le marché International. Cela a provoqué de graves difficultés budgétaires plongeant ainsi le pays dans un endettement total avec la chute du prix des produits agricoles sur le marché international durant les années 1980 (KOUDOU, 2012 ; SARA, 1999).

Un autre problème que connait l'agriculture ivoirienne est qu'elle reste traditionnelle. Son développement repose essentiellement sur les potentialités physiques et humaines dont dispose le pays AHOUE, (2018). Aussi, une étude réalisée par (TELESPHORE et al, 2005) indique-t-il une baisse de la pluviométrie en Côte d'Ivoire qui s'est amorcée dès la fin des années 1960 et s'est intensifiée au cours des années 1980 et 1990. Tous ces problèmes fragilisent l'agriculture ivoirienne et l'empêchent de véritablement se développer. En revanche, pour redonner un souffle à son économie et sauver la filière agricole en dépit de tous ces nombreux problèmes, l'Etat de Côte d'Ivoire a mis en place des politiques régionales et nationales d'amélioration du secteur agricole (MAAF, 2015). Ces politiques vont de la création de barrages hydro-agricoles et pastoraux dans les années 1980 au Nord du pays à la création de centre de recherche et de structure d'encadrement du monde agricole tels que le CNRA ; l'ANADER etc...CECCHI, (2007).

Malgré ces efforts, l'agriculture ivoirienne souffre toujours du joug climatique. En Côte d'Ivoire, la banane plantain est la troisième culture alimentaire de base. Sa consommation en 1974 et 1980 est de 489.500 tonne(t) et 717.000 (t) GUILLEMOT, (1976). Les bananiers plantains sont cultivés sur presque tout le territoire ivoirien et plusieurs régions ont un niveau de production intéressante situées entre 4 et 9% de la production annuelle. Il s'agit des régions du Fromager (8,88%), Bas Sassandra (7,95%), Marahoué (5,75%), Moyen Cavally (4,78%), Moyen Comoé et Vallée Bandama (4,31%) (MINISTERE DE L'AGRICULTURE, 2009). Cette culture est répandue dans la zone forestière humide, au Sud d'une ligne Bondoukou-Bongouanou-Dimbokro-Bouaflé-Daloa-Man et Danané GUILLEMOT, (1976). En 2013, les grandes régions productrices étaient le Haut Sassandra (23,11%), l'Agneby (10,62%), les Montagnes (9,54%) et le Sud Bandama (9.03%) (MINISTERE DE L'AGRICULTURE, 2009). Cependant, la culture du plantain subit les mêmes aléas que l'agriculture ivoirienne dans son ensemble.

Dans la sous-préfecture de Taabo, région à vocation agricole, la banane plantain occupe une place de choix dans la production vivrière YEBOUE, (2018). A l'instar des autres régions du pays, la bananeculture dans cette sous-préfecture est influencée par la variation climatique ; d'où l'importance de ce sujet : « **Irrégularités pluviométriques et bananeculture plantain dans la sous-préfecture de Taabo** ». Il ressort de ce sujet que la production de la banane plantain dans la sous-préfecture diminue malgré le niveau élevé des pluies. Ce sujet soulève la question centrale suivante : Comment les irrégularités pluviométriques impactent-t-elles la bananeculture dans la sous-préfecture de Taabo ?

De façon spécifique, les questions suivantes se dégagent :

-Quels sont les indicateurs des irrégularités pluviométriques dans la sous- préfecture de Taabo ?

-Quels sont les impacts de ces irrégularités pluviométriques sur la culture de la banane plantain dans la sous- préfecture de Taabo ?

-Quelles sont les mesures d'adaptation mises en place par les bananeculteurs pour améliorer la production de la banane plantain dans la sous-préfecture de Taabo ?

5- OBJECTIFS DE LA RECHERCHE

5.1- Objectif général

L'étude vise à montrer l'impact des irrégularités pluviométriques sur la culture de la banane plantain dans la sous- préfecture de Taabo.

5.2- Objectifs spécifiques

Caractériser les irrégularités pluviométriques dans la sous-préfecture de Taabo de 1981 à 2019.

Analyser les impacts des irrégularités pluviométriques sur la culture de la banane plantain dans la sous-préfecture de Taabo.

Identifier les stratégies d'adaptation mises en place par les producteurs de banane plantain dans la sous-préfecture de Taabo.

6- HYPOTHESES DE LA RECHERCHE

6.1- Hypothèse générale

Les irrégularités pluviométriques engendrent la baisse de la production de la banane plantain dans la Sous-Préfecture de Taabo.

6.2- Hypothèses spécifiques

Les irrégularités pluviométriques dans la sous-préfecture de Taabo se justifient par la modification des saisons pluvieuses.

Les irrégularités pluviométriques entravent la pratique de la culture de la banane plantain durant certains mois.

Les stratégies mises en place par les producteurs de la banane plantain pour améliorer la production bananière dans la sous-préfecture de Taabo sont diversifiées.

7- METHODOLOGIE DE LA RECHERCHE

7.1- Détermination des unités d'observation

Les unités d'observations relatives à notre sujet sont à plusieurs échelles. Il s'agit de la sous- préfecture de Taabo, des villages de cette circonscription administrative et enfin des exploitations agricoles (Bananeraies).

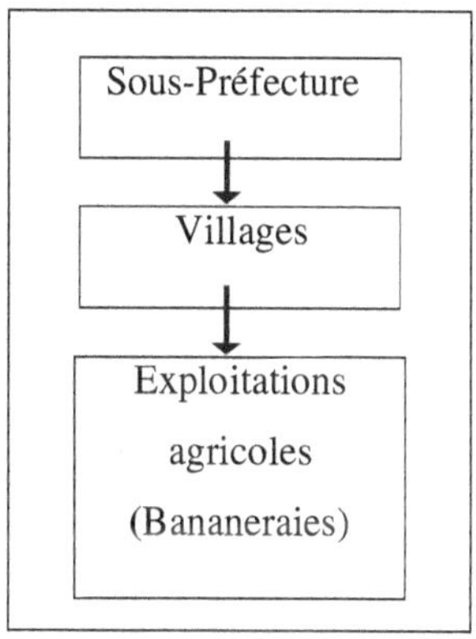

Source : KOUADIO D. Olivier, 2019

Figure 1 : Echelles d'observation

7.2- Les variables d'analyse

7.2.1- Les variables liées à la pluviométrie

Indicateurs quantitatifs	Indicateurs qualitatifs
-la hauteur de pluies (mm) -le nombre de mois pluvieux -la nombre de mois secs -la quantité de pluie mensuelle et annuelle -le nombre et la durée des saisons	-évolution de la pluviométrie (hausse ; baisse ; invariable) -type de climat -régime pluviométrique -les mois les plus pluvieux et les plus secs

Ces variables ont permis d'analyser l'évolution de la pluviométrie car elles ont servi à faire ressortir les modifications que subissent les saisons pluvieuses dans la sous-préfecture de Taabo.

7.2.2- Les variables se rapportant à la température et l'évapotranspiration potentielle

Indicateurs quantitatifs	Indicateurs qualitatifs
-évapotranspiration potentielle mensuelle et annuelle (mm). -nombre de mois avec une ETP supérieur et inférieur à la moyenne	-le niveau de température (hausse ; baisse) -évapotranspiration potentielle (élevée ; faible) -les mois les plus chauds

7.2.3- Les variables liées aux impacts de la pluviométrie sur la banane plantain

Indicateurs quantitatifs	Indicateurs qualitatifs
-production annuelle de la banane plantain (t) -superficie cultivée -rendement annuel de la banane plantain -la durée du premier cycle de production de la banane plantain	-production annuelle de la banane plantain (hausse ; baisse). -calendrier cultural de la banane plantain -variétés de banane plantain disparues -le bilan hydrique mensuel et annuel

Ces variables ont permis de voir l'évolution de la production de la banane plantain et d'analyser l'impact des irrégularités pluviométriques sur la bananeculture dans la sous-préfecture de Taabo.

7.2.4- Les variables liées aux stratégies d'adaptation mises en place par les bananeculteurs

Indicateurs quantitatifs	Indicateurs qualitatifs
-nombre de rejets par hectare -nombre de désherbage annuel -nombre de manœuvre par hectare	-recherche de terre arable -type de végétation -variétés de rejets utilisées -le choix des rejets-autres cultures cultivées -autre activités pratiquées

Ces variables ont permis de voir la manière dont les cultivateurs réagissent face à la variabilité climatique.

7.3- Collecte des données

Les informations nécessaires pour l'étude ont été obtenues suivant deux grandes méthodes de collecte de données. Ce sont la collecte des informations physiques et les enquêtes de terrain (l'observation directe de terrain ; les entretiens et questionnaires).

7.3.1- Collecte de données physiques

- **Collecte de données pluviométriques**

La collecte des données pluviométriques s'est faite sur www.nasa.power-lac.ci. Ces données pluviométriques recueillis sur ce site sont au pas de temps mensuel et annuel. Elles parts, de 1981 à 2019, soient 39 années et couvre la sous-préfecture de Taabo.

- **Collecte des données agricoles**

Les données liées à la production bananière ont été recueillir auprès de la Direction de l'agriculture basée à Taabo. Ces données datent de 2013 à 2019 et concernent la production de la banane plantain ainsi que les superficies emblavées.

- **Collecte de données socio-économiques**

Les données socio-économiques ont été recueillies au Centre Suisse de Recherche Scientifique (CSRS) de Taabo. Ce sont des données relatives aux effectifs de population de la sous-préfecture de Taabo.

Tableau 1 : Population de la sous-préfecture de Taabo

Localité	Population	Localité	Population
Aheremou 2	*1790*	Leleble	*7251*
Ahondo	*2992*	N'Denou	*2861*
Ahouaty	*1982*	Sahoua	*1726*
Amani Menou	*4441*	Sokrogbo	*2511*
Katienou	*787*	Taabo Cité	*9180*
Kokoti Kouamekro	*2268*	Taabo Village	*5398*
Kotiessou	*2396*	Tokohiri	*3262*
Population totale			***48845***

Source : CSRS, novembre 2019

7.4- Enquêtes de terrain

7.4.1- Observation directe du phénomène

Huit villages ont été enquêtés parmi les treize (13) villages de la sous-préfecture de Taabo en nous basant sur deux critères. Le premier critère s'est basé sur la localisation géographique. Cela à consister à choisir quatre premiers villages suivant les quatre points cardinaux de sorte à couvrir la zone d'étude. A ce niveau les villages suivants (Aheremou 2 ; Katienou ; Kokoti Kouamekro et Leleble) ont été choisi. Trois autres localités enquêtées ont été choisir en se basant sur leur capacité de production en banane plantain. Ce sont les villages d'Ahouaty ; de Kotiessou et de Taabo village. Enfin le village Ahondo a été enquêté du fait de l'installation de Bana-ci, une société basé de production de la banane douce. Quant au choix des parcelles à visités, il s'est fait en tenant compte de la superficie cultivée et des techniques appliqués par les producteurs. Cela nous a permis d'identifier les variétés de bananes cultivées et la qualité de leurs fruits, voir le mode de transport et de gestion des plantations. En clair, l'enquête de terrain a permis de voir les réalités de la production de la banane-culture dans la Sous-Préfecture de Taabo.

Carte 2 : LOCALISATION DES VILLAGES ENQUETES

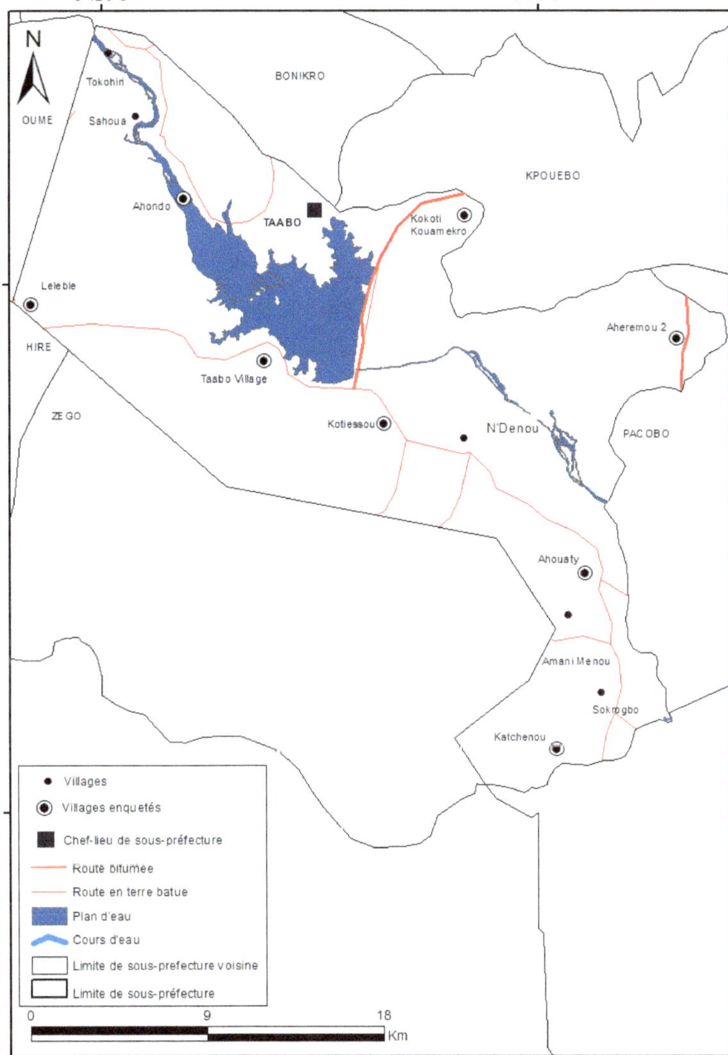

Source : CNTIG, 2011 *Réalisation : KOUADIO. D. Olivier, 2020*

7.4.2- Enquêtes par entretiens

Les entretiens ont été faits d'une part avec des agents des structures de recherche en charge de la recherche, de l'amélioration et du suivie du secteur agricole tels que l'ANADER. D'autre part, avec de personnes ressources exerçants dans l'exploitation industrielle. Ces entretiens ont été guidés par des fiches d'entretiens.

7.4.3- Enquêtes par questionnaires.

Les questionnaires ont été adressés exclusivement à la population agricole productrice de banane plantain dans ladite Sous-Préfecture. Les enquêtes auprès de la population agricole ont permis de connaitre les techniques de culture, les systèmes d'adaptions face à l'évolution du climat et d'avoir leur perception de l'évolution pluviométrique. La sous-préfecture de Taabo est une entité déconcentrée composée de la ville de Taabo citée et de 13 villages. Plus de 90% des populations des localités rurales de cette sous-préfecture sont des cultivateurs et dans l'incapacité de parcourir tous les villages afin d'interroger chaque agriculteur, un échantillonnage a été constitué. Elle a permis d'interroger qu'une fraction de la population mère. Les résultats obtenus ont été par la suite généralisés à l'ensemble de la population étudiée. Vu que nous n'avons pas la taille de la population mère, c'est-à-dire le nombre total de producteurs de la banane plantain, nous avons utilisé la méthode aléatoire. Cela a permis d'interroger 320 producteurs de banane plantain. Cela a amenés à interroger 40 personnes par village dans les 8 villages choisi.

Tableau 2 : Part des bananeculteurs interrogés par village

Code village	Nombre d'agriculteurs enquêté	Pourcentage (%)
Aheremou 2	40	12,5
Ahondo	40	12,5
Ahouaty	40	12,5
Katienou	40	12,5
Kokoti Kouamekro	40	12,5
Kotiessou	40	12,5
Leleble	40	12,5
Taabo Village	40	12,5
Total interrogé	**320**	**100**

Source : Nos enquêtes, 2020

7.5- Traitement des données pluviométriques et agricoles

Les informations recueillies au travers des différentes techniques de collecte des données ont fait objets de traitement cartographique et statistique.

- **Traitement cartographique**

Nous avons préalablement procédé par un traitement manuel parachevé par un traitement informatique. A cet effet, l'analyse des cartes s'est basée essentiellement sur la géomatique, c'est-à-dire l'utilisation exclusive de l'outil informatique pour la réalisation. Cette réalisation a fait recours à des programmes bien indiqués et des logiciels appropriés qui sont entre autres ArcGis 10.5, Sphinx 14.5, XLSTAT 2014. 5.03, Word 2010 et Excel 2010. A travers ces différents logiciels, nous avons transformé en données cartographiques et graphiques les informations obtenues grâce aux différentes enquêtes et aux documents consultés. Les cartes qui ont été réalisés dans le cadre de ce travail sont : la carte de localisation et la carte présentant les localités enquêtées de la sous-préfecture Taabo. Pour la réalisation de ces cartes, les systèmes de représentations par plages, par points et par lignes ont été utilisés.

- **Traitement statistique**

Dans le cadre de notre travail, plusieurs méthodes statistiques ont été utilisées pour aboutir à nos résultats. Ces méthodes ont permis de déterminer le régime pluviométrique ; les variations pluviométriques ; la rupture des séries chronologiques ($U_t N = \sum_{i=1}^{t} \quad \sum_{J=t+1}^{N} Dij$.); les saisons culturales (méthode de FRANQUIN) et la détermination de coefficient de corrélation entre pluviométrie et la production de la banane plantain (r= cov (xy)/σX.σY).

7.5.1- Détermination du régime pluviométrique

Pour déterminer le régime pluviométrique dans la sous-préfecture de Taabo, nous avons utilisé la méthode de et Birot. Selon Birot, lorsque la pluviométrie au cours d'un mois est supérieure ou égale à la température multipliée par quatre du même mois, alors le mois est dit humide. Lorsque la pluie est inférieure à la température multipliée par quatre, le mois est considéré comme un mois sec. Il établit sa méthode comme suit

Si P>= 4T, mois humide et si P < 4T, mois sec.

La méthode a été appliquée à la série sur toute la période de 1981-2019. Cela nous a permis de voir les différents changements que connait l'évolution mensuelle et saisonnière de la pluviométrie à travers la variation des mois. La méthode, a permis de déterminer la variation des mois tout le long de la série chronologique.

7.5.2- Méthodes statistiques de détection des variations pluviométriques

Deux grandes méthodes sont généralement utilisées pour l'étude des fluctuations pluviométriques. Ce sont : la méthode des indices de NICHOLSON et le Filtre passe-bas de HANNING. Cependant, la méthode des indices de NICHOLSON a été utilisée dans le cadre cette étude. Le choix a porté sur cette méthode car elle apparaît comme une variable centrée, réduite et permet de mieux suivre les fluctuations des régimes pluviométriques dans la sous-préfecture de Taabo. Il met en évidence les périodes excédentaires et déficitaires (Kouassi et al., 2010) et permet d'observer la variabilité des quantités de pluies de façon générale, cité par AHOUE (2018). NICHOLSON et Al (1988) ont toutes fois défini un indice qui se calcule pour une année et s'exprime comme suit :Ii= (Xi - X)/σ

Avec : Xi= hauteur de pluie en mm de l'année i ; X=hauteur de pluie moyenne de la période de l'étude en mm et σ= Ecart type de la hauteur de pluie sur la période d'étude.

7.5.3- Méthodes statistiques de détection de rupture

En se référant à LUBES et al (1998), une « rupture » peut- être définie de façon générale par un changement dans la loi de probabilité d'une série chronologique à un moment donné le plus souvent inconnu. Une telle rupture marque une modification du régime pluviométrique. Il existe plusieurs méthodes pour déterminer des ruptures dans des séries chronologiques. Dans le cadre de notre travail, nous avons opté pour le test de PETTIT (1979) et de Buishand du fait de leur puissance et leur robustesse. Il repose sur deux hypothèses fondamentales que sont : l'hypothèse nul (H0) qui constitue l'absence de rupture dans la série et l'hypothèse alternative (H1) qui le comporte une rupture. La formule se décline comme suite : $U_t N = \sum_{i=1}^{t} \sum_{J=t+1}^{N} Dij$.

Apres ces deux tests le test de tendance de Mann-Kendall a été également à la série pour voir son niveau de significativité.

7.5.4- Détermination de la saison végétative

La saison végétative est la période de l'année favorable au développement des cultures annuelles, c'est-à-dire la période pendant laquelle les besoins en eau des plantes cultivées sont satisfaisants (KANGA, 2015). Pour déterminer la saison culturale dans notre zone d'étude, nous avons utilisé le modèle proposé par FRANQUIN (1973). Il permet de découper l'année en saisons à partir de la pluviométrie (P) moyenne et de l'évapotranspiration potentielle (ETP) moyenne. Vu le manque de données d'ETP sur le site, nous avons optés pour l'ETP estimée. Plusieurs méthodes existent pour le calcul des ETP, mais dans le cadre de notre étude, nous avons choisi la méthode de Thornthwaite. En effet, la formule proposée par Thornthwaite (1948) pour le calcul de l'ETP est plus simple car elle ne dépend que de la température. Cela nous a amené à télécharger également des données de température sur la même période que les données pluviométriques.

Ainsi, pour le calcul de l'ETP de chaque mois, Thornthwaite propose l'équation suivante :

$\mathrm{ETP} = 16 * K * (10.t/I)^{a}$ ou $a = \frac{1{,}6}{100} I + 0{,}5$; $I = \sum_{1}^{12} i$ et $i = \left(\frac{t}{5}\right) 1{,}514$

Avec

ETP : évapotranspiration potentielle (mm / mois) ;

t : température mensuelle moyenne en degré Celsius ;

K : coefficient correctif mensuel.

Les facteurs correctifs varient en fonctions des zones et des mois. Dans la zone 30 Nord, les facteurs correctifs sont les suivants :

Mois	J	F	M	A	M	J	JT	Ao	S	Oc	N	D
K	0,73	0,78	1,02	1,15	1,32	1,33	1,33	1,24	1,05	0,91	0,75	0,7

L'ETP représente un majorant de la consommation hydrique de n'importe quelle culture à n'importe quel moment. Pour une décade donnée, lorsque la pluviométrie (P) est supérieure à l'ETP, c'est avoir l'assurance que la culture ne manquera pas d'eau. Ainsi, l'ETP/2 qui représente un besoin hydrique moyen devrait permettre à une culture de débuter son cycle de végétation (la phase de germination, la levée et le début de croissance) et de l'achever (phase de maturation) dans des conditions d'alimentation quelque peu convenables. On considère donc que la saison culturale commence avec des pluies supérieures à ETP/2 et prend fin quand celles-ci sont inférieures à ETP/2 (BROU, 1996) cité par AHOUE (2018). Ce découpage s'est fait en phase avec des correspondances et interprétations agronomiques différentes.

-P> ETP/2 : c'est la période des semis, favorable aussi à la phase de germination, la levée et le début de croissance. C'est une période favorable à la croissance d'une culture sans permettre la satisfaction des besoins correspondant à son plein développement (ELDIN, 1989 ; Morel, 2004). Cette période est dite pré-humide durant laquelle P est globalement inférieure à ETP et donc ETR inférieure à ETP.

- P<ETP/2 : c'est la période de semis en sec (pouvant bénéficier de faux départs). Elle doit correspondre aussi à la phase de maturation.

- P> ETP : c'est la période où les besoins hydriques sont pleinement satisfaits. Elle doit correspondre à la période de végétation active, c'est-à-dire la floraison et la formation du fruit ou du grain. Au cours de cette phase dite humide, P est globalement supérieure à ETP. L'offre en pluie permet alors de satisfaire les besoins d'une culture en plein développement AHOUE, (2019) citant (ELDIN, 1989 ; MOREL, 2004). Au cours de cette période dite humide durant laquelle P est globalement supérieure à ETP et donc ETR égale, en principe, à ETP.

- **P< ETP** : c'est la période du déficit hydrique. Durant la période post-humide P redevient globalement inférieure à ETP. L'offre en eau permet ainsi de satisfaire les besoins correspondant à la maturation du produit AHOUE, (2019) citant (ELDIN, 1989 ; MOREL, 1986). La période post-humide durant laquelle P redevient globalement inférieure à ETP et donc ETR inférieure à ETP en dépit des réserves hydriques du sol constituées durant la période humide.

7.5.5- Détermination du coefficient de corrélation.

En vue de déterminer la relation qu'il pourrait existée entre le rendement de la banane culture et la pluviométrie dans la sous-préfecture de Taabo, nous avons fait recours à la méthode de régression linéaire axée sur le test de BRAVAIS PEARSON. Le coefficient de détermination permet de déterminer la part de l'information prise en compte par le modèle.

La démarche consiste à émettre des hypothèses.

Soit (H0) indique qu'il n'y a pas de relation entre les deux variables, IrI=0.

Soit H1 suppose qu'il y a une corrélation, les deux variables sont liées, IrI≠0.

r= cov (xy)/σX.σY (15) avec

σ= écart-type et cov= covariance.

Ainsi si

xy≠0 et rxy≠1, on peut supposer qu'il existe une relation entre les deux variables.

Pour de faibles valeurs comprises entre [0 et 0.5 [, on suppose une relation faible.

Pour de fortes valeurs comprises entre [0.5 et 1[, on suppose une relation forte.

Tableau synoptique

CHAPITRE 1 :

INDICATEURS DES IRREGULARITES PLUVIOMETRIQUE DANS LA SOUS-PREFECTURE DE TAABO

Introduction

Il est question ici de cerner l'évolution de la pluviométrie dans la sous-préfecture de Taabo. Pour ce faire, nous avons utilisé des données statistiques recueillir sur le site : http//:www.nasa-power-lac. Ces données concernent la pluie, les températures moyennes, sur la période de 1981 à 2019. Ceux de la pluviométrie particulièrement seront appliquées aux différentes méthodes statistiques citées dans la méthodologie. L'application de ces méthodes à notre série chronologique met en évidence l'évolution et les différents comportements mensuels, saisonniers et interannuels de la pluie dans la sous-préfecture de Taabo.

I- Analyse de l'évolution de la pluviométrie dans la sous-préfecture de Taabo

I.1- Evolution mensuelle et saisonnière de la pluviométrie (Birot)

La figure (1) présente la typologie des mois selon Birot sur notre série chronologique. Deux mois se distinguent sur l'ensemble de la série, ce sont les mois de Janvier et de Juin. En effet, ces deux mois sont restés respectivement des mois secs et humides sur toute la série chronologique. Avec une moyenne mensuelle de 17,64 mm de pluies, le mois de janvier est le mois le plus sec et le mois de juin le plus humide avec 211,21 mm de pluies. Leur coefficient de variation justifie encore le caractère de ces deux mois. Le mois de janvier (70,21 mm) affiche le coefficient de variation est le plus élevé et celui de juin (25,49 mm) le plus faible. On note sept (7) mois humides (figure1). Il s'agit des mois de (mars, avril, mai, juin, juillet, septembre et octobre). Ces mois occupent 78,10% des pluies dans la sous-préfecture de Taabo avec 16,38% pour le seul mois de juin. Les mois secs quant à eux sont les mois au cours desquels la pluie est inférieure à la température. Cinq (5) mois se dessinent et n'occupent que 21,90% des pluies. Ce sont les mois de (août, novembre, décembre, janvier et février) (figure 1). Contrairement aux mois de janvier et de février, les autres mois humides et secs énumérés connaissent une variation de leur typologie. C'est le cas des mois de mars, avril, juillet et septembre qui de mois humides, deviennent des mois secs durant certaines années et les mois de février, août et novembre qui de mois secs passes a de mois humides aux cours de certaines années. En appliquant cette démarche de Birot, quatre grandes saisons se dessinent. Ce sont, deux saisons pluvieuses et deux saisons sèches. La première saison pluvieuse dure cinq mois (mars à juillet). La moyenne pluviométrique de cette grande saison pluvieuse est de 725,95 mm et a pour pic juin. La seconde saison pluvieuse ne dure que deux mois (septembre et octobre) avec une moyenne pluviométrique de 281,24 mm et a pour maxima octobre. Le mois de juin est cependant le mois le plus pluvieux de l'année avec une moyenne pluviométrique de 211,21 mm. En se basant sur ces deux maximas, nous pouvons conclure que le régime pluviométrique de la sous-préfecture est bimodal. Par ailleurs, on observe des saisons sèches qui s'intercalent entre les deux saisons pluvieuses. Il s'agit de la petite saison sèche au mois d'août avec une pluviométrie moyenne de 86.58 mm. Quant à la grande saison sèche, elle commence en novembre pour prendre fin en février. La moyenne pluviométrique au cours de cette saison est de 195,86 mm. Ces saisons ne sont pas stables, elles varient d'une année à une autre en fonction du comportement des mois (figure1). La grande saison pluvieuse représente 56,29% des pluies dans ladite sous-préfecture. En un mot, plus de la moitié des pluies dans la sous-préfecture de Taabo tombent sur cinq (5) mois de l'année.

Figure 2 : Evolution mensuelle et saisonnière de la pluviométrie

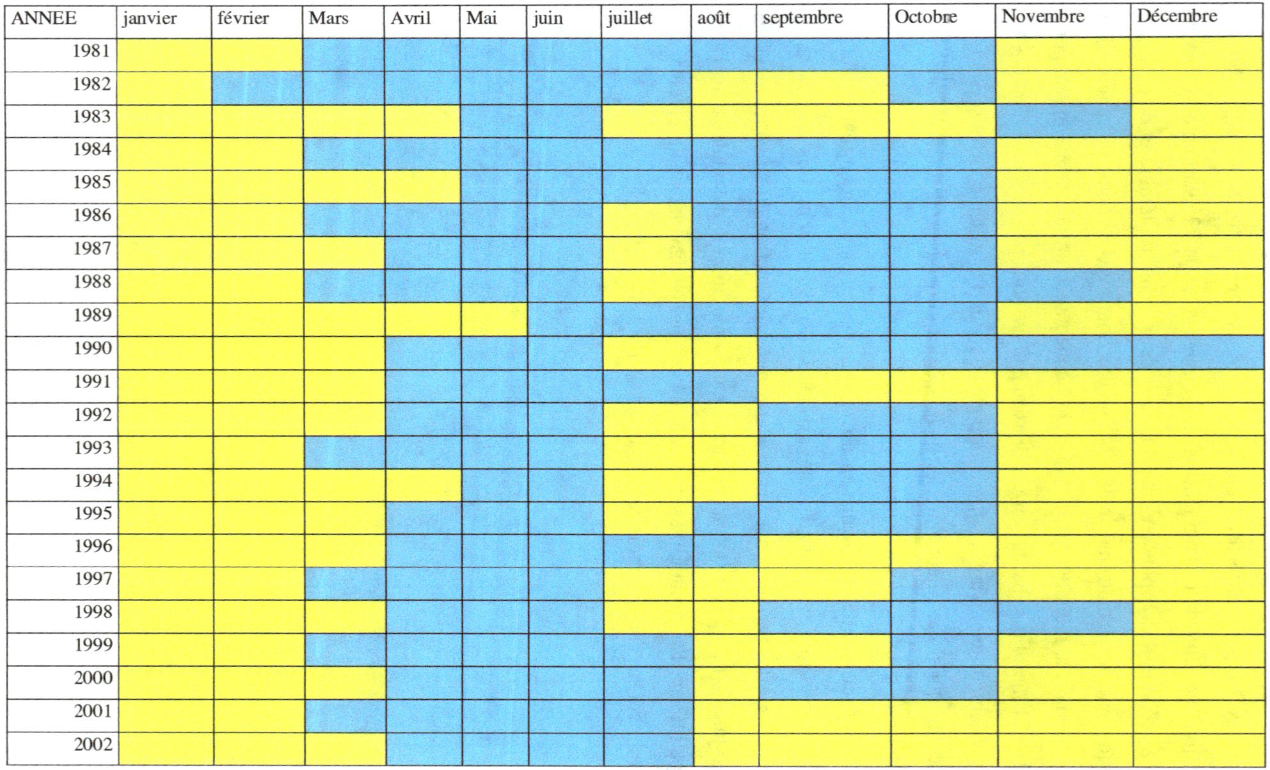

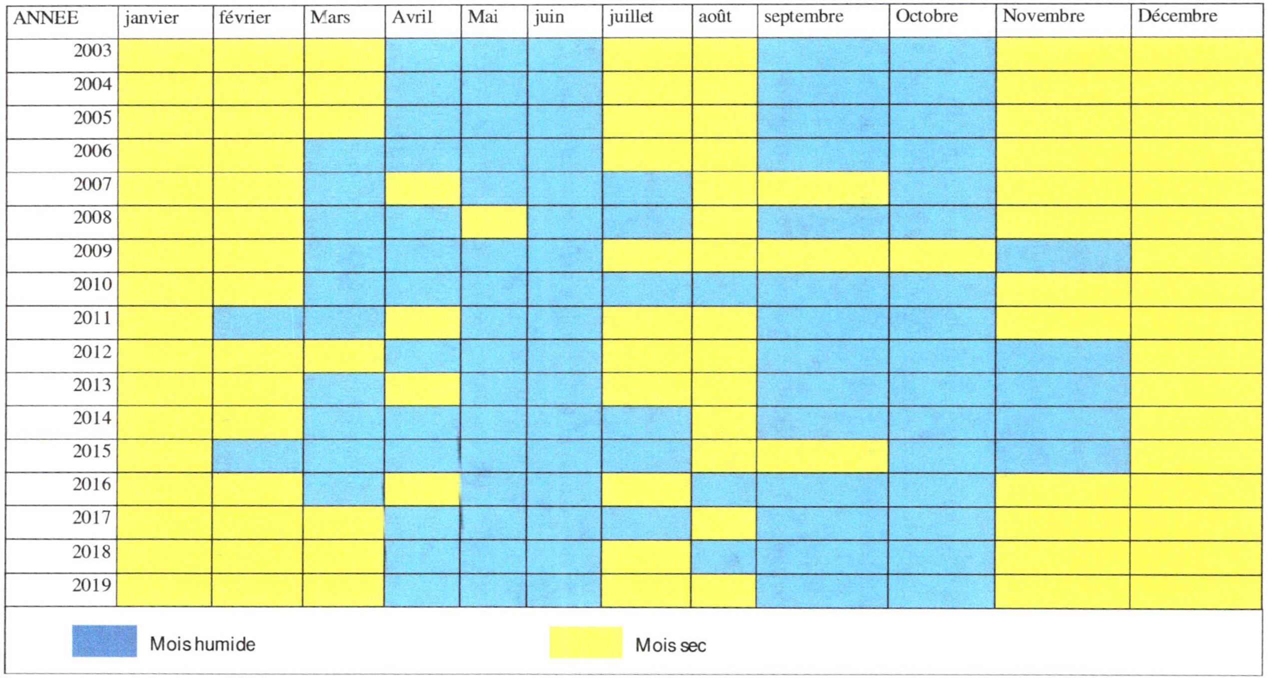

Source : KOUADIO D. O., 2020, *après traitement des données recueillies sur* www.nasa.power-lac.ci

I.2- Evolution interannuelle de la pluviométrie dans la sous-préfecture de Taabo (Nicholson)

L'évolution interannuelle de la pluviométrie entre 1981 et 2019 dans la sous-préfecture de Taabo est discontinue (figure 2). Sur les 39 années d'observation de cette série pluviométrique, nous constatons une évolution à la hausse. Cette hausse pluviométrique est perceptible à travers le coefficient directeur (Y= 0.0025x-0.051) de la droite de tendance qui est positif. Cependant, la discontinuité de la série permet d'identifier trois types d'années. Il s'agit des années déficitaires, excédentaires et normales. Les années sèches dominent sur l'ensemble du chronogramme. Elles sont au nombre de 19 et représentent 48,72% des années déficitaires. Ces années déficitaires se situent majoritairement entre 1991 et 2008. Durant cet intervalle de temps, seulement 1993 et 1999 sont excédentaires. Cependant, l'année la plus déficitaire est 2002 avec 905,66 mm de pluie. En se référant à la moyenne pluviométrique de la série qui est de 1293,49 mm, nous enregistrons une perte de pluie avec un écart à la moyenne (-387,83 mm) strictement négatif. Les années moyennes quant à elles sont au nombre de 9 et représentent 23,08% d'années normales. Elles s'intercalent entre les années excédentaires. Au cours de ces années, la pluviométrie tourne autour de la moyenne pluviométrique de la série chronologique. Nous avons entre autres (1993, 2013, 2016, 2018 etc…). Les années humides sont relativement importantes. Sur la série, on en dénombre 11 et représentent 28,21% des années excédentaires. Nous pouvons cités (1982,1987, 1999, 2010 etc…) avec pour maximum 2014 qui enregistre 1750,64 mm de pluie. Ces années sont séquencées en deux périodes par la période déficitaire de 1991 à 2008. On note de ce fait une première période excédentaire entre 1981 et 1988 et une seconde entre 2010 et 2019. En se référant toujours à la moyenne pluviométrique de la série, on note un écart à la moyenne positif qui est de 457,15 mm, ce qui suppose que nous avons enregistré une pluviométrie à la hausse (figure 4).

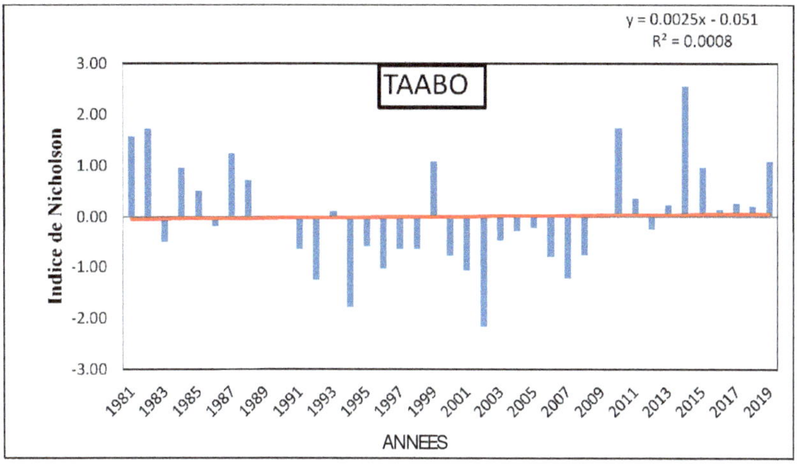

Source : KOUADIO D. O., 2020, *après traitement des données recueillies sur* www.nasa.power-lac.ci

Figure 3 : Evolution interannuelle de la pluviométrie dans la sous-préfecture de Taabo (1981-2019)

II- Analyse de rupture et des saisons végétatives

II.1- Analyse de la rupture dans la série chronologique

La rupture intervenue en 2009 en appliquant le test de pettitt aux données pluviométriques recueillies scinde notre série chronologique en deux phases. La première phase d'évolution part de 1981 à 2009, année de la rupture et la seconde de 2010 à 2019. La figure (3) témoigne d'une distribution irrégulière de la pluviométrie sur les années constitutives de la série. Cependant, l'évolution pluviométrique interannuelle d'ensemble dans notre zone d'étude est en hausse.

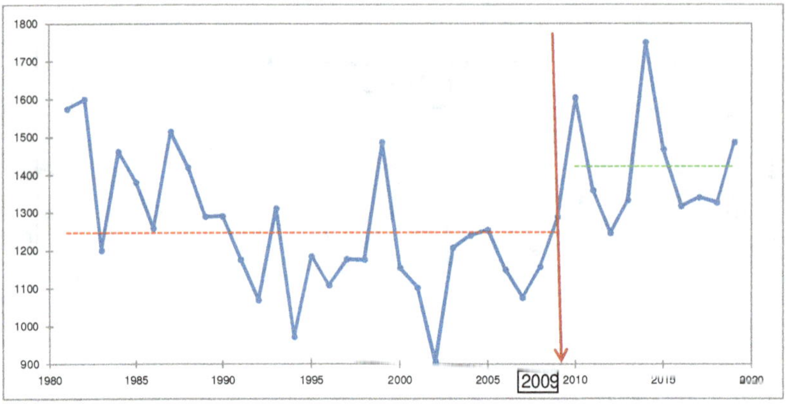

Source : *KOUADIO. D. O.,* 2020 *après traitement de données recueillies sur* www.nasa-power-lac.ci

Figure 4 : Rupture dans la série pluviométrique de la sous-préfecture de Taabo (1981-2019)

Le tableau (2) présente l'évolution pluviométrique avant et après la rupture dans la sous-préfecture de Taabo avec pour référence la moyenne pluviométrique de la série chronologique. La série affiche une moyenne de 1293.48 mm de pluie et un écart type de 179,02 mm. Les années 2002 et 2014 sont les minima et maxima respectives de la série. 2014 avec une pluviométrie de 1750,64 mm est l'année la lus pluvieuse et 2002 la moins pluvieuse avec 905,66 mm de pluie.

La moyenne pluviométrique de la sous-préfecture de Taabo avant la rupture est de 1248,45 mm avec un écart type de 166,71 mm. Au cours de cette période, on enregistre une baisse de la pluviométrie dans la zone. En se référant à la moyenne pluviométrique de la série, on note une perte de 44,93 mm de pluie. Contrairement à la période d'avant rupture, la pluviométrie après la rupture est en hausse. En effet, la moyenne pluviométrique après la rupture qui est de 1423,81 mm est supérieure à la moyenne pluviométrique de la série chronologique. Durant cette période, on enregistre un gain de 130,33 mm de pluie. L'écart type quant à lui est de 146,82 mm. Le résumé fait à la fin du tableau atteste de la mauvaise distribution des pluies dans la sous-préfecture de Taabo.

Tableau 3 : Répartition de la pluviométrie de 1981 à 2019

<table>
<tr><td rowspan="2" colspan="2">Avant la rupture (1981-2009)</td><td colspan="4">Date de la rupture : 2009</td><td rowspan="2" colspan="2">Apres la rupture (2010-2019)</td></tr>
<tr><td colspan="4">Série chronologique (1981-2019)</td></tr>
<tr><td>Moyenne</td><td>Ecart type</td><td colspan="2">Moyenne</td><td colspan="2">Ecart type</td><td>Moyenne</td><td>Ecart type</td></tr>
<tr><td>1248,55</td><td>166,71</td><td colspan="2">1293,48</td><td colspan="2">179,02</td><td>1423,81</td><td>146,82</td></tr>
<tr><td colspan="2"></td><td>Minimum</td><td>Date</td><td>Maximum</td><td>Date</td><td colspan="2"></td></tr>
<tr><td colspan="2"></td><td>905,66</td><td>2002</td><td>1750,64</td><td>2014</td><td colspan="2"></td></tr>
<tr><td colspan="8">1248,55 < 1293,48 < 1423,81</td></tr>
</table>

Source : *KOUADIO. D. O.*, 2020 *après traitement de données recueillies sur* www.nasa-power-lac.ci

II.2- Analyse des saisons végétatives dans la sous-préfecture de Taabo (1981-2019)

Le croisement des courbes mensuelles de l'ETP, de l'ETP/2 et de la pluviométrie grâce à la méthode de Franquin permet de mettre en évidence les différents stades de la saison végétative. En considérant seulement l'ETP et la pluviométrie, deux grandes phases se dessinent : la phase humide (P>ETP) et la phase sèche (P<ETP). Par contre lorsque nous associons à ces deux éléments qui précèdent, l'ETP/2 nous observons quatre grandes périodes : les périodes sèches (**A1 et D**), la période pré-humide (**A2 et B2**), les périodes humides (**B1et C1**), et la période post-humide (**C2**) (figure 4).

La période sèche, c'est la phase au cours de laquelle $P < ETP/2 < ETP$. Pendant cette phase, les besoins en eau des plantes ne sont pas couverts. Dans la sous-préfecture de Taabo cette phase débute en fin novembre pour s'achever à la troisième semaine de février (**D et A1**). Elle correspond à la phase de maturation du bananier plantain dans la dite sous-préfecture. A cette période, on assiste au séchage de jeunes plants de bananier et au jaunissement du feuillage des plus développés.

La période pré-humide : elle correspond à la phase ou $ETP/2<P<ETP$. C'est la période où les plantes reçoivent les premières pluies. Le sol commence donc a constitué son stock d'eau utile au développement des plantes. Dans la région de Taabo, cette phase se présente deux fois dans l'année (**A2 et B2**). La première part de fin février à mi-avril et correspond à la préparation des terres. La seconde débute mi-mai pour prendre fin en début octobre. C'est la phase de floraison de la banane plantain.

La période humide : est quant à elle la phase où $P>ETP$. Pendant cette période, les besoins en eau des cultures sont pleinement satisfaits. Cette période apparait également deux fois dans l'année (**B1 et C1**). La première part de mi-avril à mi-juillet et correspond aux semis de l'igname, du Plantigue des rejets de bananes plantain et des plans de cacao. Elle correspond aussi au développement des rejets plantés. C'est pendant cette période que les rejets de banane émettent leurs premières feuilles. La seconde phase débute en fin de la première semaine de septembre pour s'achever à fin octobre. C'est la phase de floraison et le début du remplissage des fruits de la banane plantain.

La période post humide (C2), c'est la dernière période au cours de laquelle nous réalisons que l'ETP/2 redevient inferieur à la pluviométrie. Elle correspond aussi à la phase de maturation est représentée par le mois de novembre.

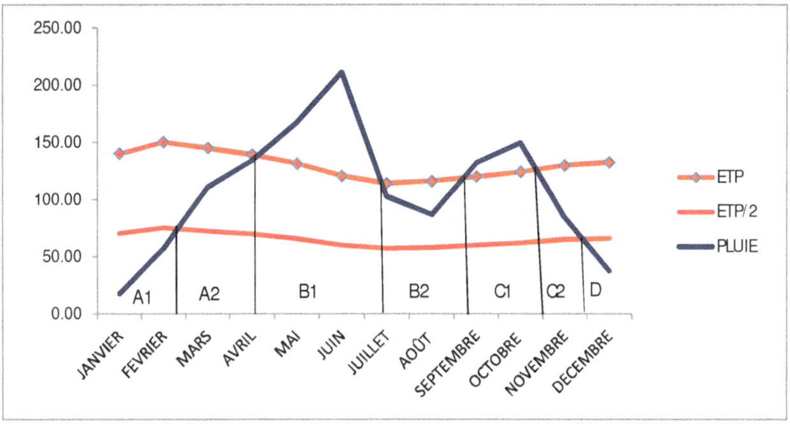

Source : KOUADIO. D. O., 2020 *après traitement de données recueillies sur* www.nasa-power-lac.ci.

Figure 5 : Saison végétatives dans la sous-préfecture de Taabo (1981-2019)

CONCLUSION

L'analyse des paramètres climatiques a permis de montrer les différents comportements de la pluviométrie. Des mois basculent entre mois pluvieuses et mois secs sur la série chronologique. En effet, des mois dites humides se retrouvent être des mois secs au cours de certaines années et vice-versa. L'instabilité de ces mois perturbent les saisons que sont : les saisons pluvieuses et les saisons sèches dans la mesure où leurs déterminations se fait suivant le caractère des mois. Les pluies interannuelles connaissent également des variations avec des années déficitaires, excédentaires et normales. Malgré le comportement mensuel, saisonnier et interannuel de la pluviométrie dans la sous-préfecture de Taabo, on note une hausse de cette dernière sur l'ensemble de la série. Mais la rupture qui ressort du test de pettitt montre une inégale répartition de cette pluie dans la dite sous-préfecture.

CHAPITRE 2 :

IMPACTS DES IRREGULARITES PLUVIOMETRIQUES SUR LA BANANECULTURE DANS LA SOUS-PREFECTURE DE TAABO

Introduction

La répartition des précipitations, moins que les sols, détermine les productions dans le contexte d'une agriculture pluviale (FAO, 1997). L'analyse des paramètres climatiques de la sous- préfecture de Taabo nous a permis d'observer des changements dans l'évolution du climat. La longueur des mois déficitaires, la variation des saisons observée et l'inégale répartition de la pluviométrie à Taabo constitue une entrave au bon développement des cultures de manière générale. Dans la sous-préfecture de Taabo, nous étudierons cette dynamique du climat en phase avec une culture particulière, la banane plantain. Cette étude a pour but de répertorier les impacts des irrégularités pluviométriques sur la culture de la banane plantain.

I- Exigences agroclimatiques du bananier plantain et bilan climatique dans la sous-préfecture de Taabo

I.1- Généralités sur la banane plantain

Originaire d'Asie du Sud-Est les bananiers et les bananiers plantains sont des herbes géantes et pérennes provenant de l'hydratation intra et interspécifique de deux espèces forestières diploïdes *: Musa acuminata et Musa balbisiana* (JEAN, 2012 ; LUDIVINE et al 2009 ; CNRA, 2005 ; CIRAD, 2010 ; CNUCED, 2016). Ils peuvent atteindre sept à quinze mètre de haut. Le stipe ou le tronc du bananier est une superposition des feuilles enroulées en cornet. Le rhizome est la tige du bananier. Ce rhizome est souterrain et produit de nouvelle pousse, c'est-à-dire dc nouveau bananier. Le bananier plantain est un hybride naturel et existe sur trois types que sont : le french géant, le french moyen et le faux corne DIOBO, (2003). Il est essentiellement constitué d'eau (80%) et a migré vers la péninsule indienne, l'Afrique de l'Est et les îles du pacifique (CIRAD, 2010). L'origine géographique des bananiers sont les régions tropicales et subtropicales.

Source : Kouadio. D. Olivier

Photo 1 : Rhizome du bananier avec nouvelle pousse

I.2- Exigences hydriques et thermiques.

De l'eau en quantité suffisante est indispensable au bon développement des plantes. Le besoin annuel en eau du bananier plantain est de 2000 mm et lors de sa demande maximale (jours chauds et ensoleillés), le bananier plantain adulte a besoin de plus de 50 litres d'eau par jour en raison de son évapotranspiration de l'ordre 6-7 mm par jour (ROSALES et al, 2010). Le bananier plantain a besoin de température comprise entre 25 et 40°C, d'un ensoleillement important et d'une irrigation régulière (environ 180 mm d'eau mensuels) (AUGUSTE et al, 2012 et CNUCED, 2016). Selon HUGUES, (1985), le régime pluviométrique idéal pour le bananier plantain est celui qui apporte entre 120 et 160 mm de pluie par mois soit 1440 mm à 1920 mm de pluie par an DIOBO, (2003). Quant à la température, elle doit se situer entre 16 et 28°C, cité par (INBAP ,2003). Le plantain peut également se développer dans des secteurs ou la pluviométrie moyen annuelle est à peine supérieure à 1200 mm avec quatre à cinq mois de déficit hydrique par rapport à l'Evapotranspiration potentielle (ETP) (GUIELLEMOT, 1976). Dans les zones tropicales, le bananier plantain est cultivable là où les pluies atteignent 1100 mm par an (CNRA, 2005 et 2014). Les frontières des grandes forêts tropicales humides où l'atmosphère est toujours proche de la saturation et où le sol reste humide correspond à l'environnement naturel des bananes plantain (ROSALES et al, 2010). Ils exigent un sol léger, peu caillouteux pour permettre aux racines de se développer sans obstacles. Les sols sablo - limoneux et argilolimoneux riche en matières organiques conviennent parfaitement (Diobo, 2003).

I.3- Bilan climatique de la sous-préfecture de Taabo

I.3.1- Bilan climatique mensuel

L'analyse de la figure (5) permet d'identifier des mois excédentaires et déficitaires avec une forte dominance des mois déficitaires. Les mois déficitaires représentent 66,67% des mois de l'année avec comme minima et maxima respective -5,60 mm et -122,57 mm. Durant ces mois, les bananiers souffrent d'un déficit hydrique important vu la longueur de la seconde période déficitaire qui part de novembre à avril, soit la moitié des mois de l'année. En revanche, les mois excédentaires aux nombres de quatre ne représentent que 33,33% des mois. Les mois avec un excédent hydrique ont respectivement 11,83 mm et 90,55 mm comme minima et maxima. Une première période déficitaire (juillet et août) s'intercale entre les quatre mois excedentaires et les scindent en deux mois de part et d'autres. Pendant ces mois, le besoin en eau pour le développement du bananier plantain est satisfaisant. Cependant, la longueur des mois avec un déficit hydrique représente un véritable handicape au bon développement de la banane plantain. L'écart entre les excès et les déficits hydriques strictement négatif (-275) témoigne d'une mauvaise répartition de la pluviométrie et montre clairement que les besoins en eau pour le développement du bananier plantain dans la sous-préfecture de Taabo dans l'ensemble n'est pas satisfaisant. Cette insuffisance de la pluviométrie affecte énormément le développement des jeunes plans de la banane plantain dans la sous-préfecture de Taabo durant les mois de décembre, de janvier et de février.

Tableau 4 : Bilan de l'eau dans la sous-préfecture de Taabo

	jvier	févr	Mars	avril	mai	juin	Jlt	Août	spt	oct	nvb	Decb	total	Ecart
PLUIE	18	57	111	134	167	211	102	87	132	149	84	37	1290	
ETP	140	150	145	139	131	121	114	116	120	124	130	133	1564	
P-ETP	-123	-93	-34	-6	36	91	-12	-30	12	25	-46	-95	-275	
EXCES	0	0	0	0	36	91	0	0	12	25	0	0	163	-275
DEFICIT	123	93	34	6	0	0	12	30	0	0	46	95	438	

Source : KOUADIO. D. O., 2020 *après traitement de données recueillies sur* www.nasa-power-lac.ci.

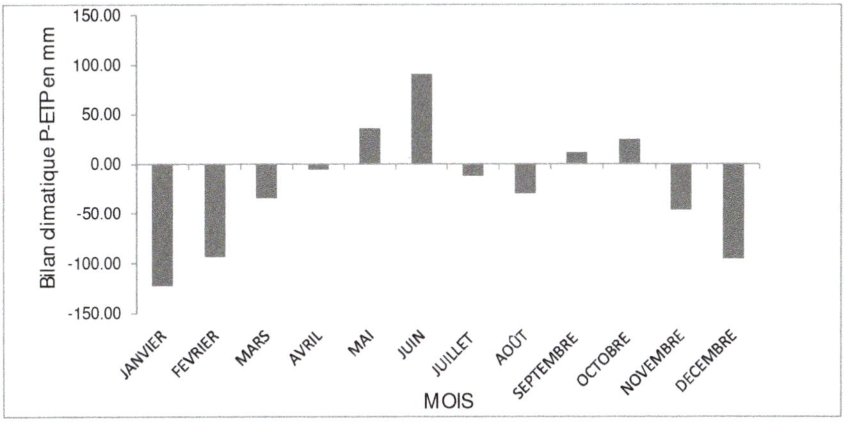

Source : KOUADIO. D. O., 2020 *après traitement de données recueillies sur* www.nasa-power-lac.ci

Figure 6 : Bilan climatique (P-ETP) mensuel de la sous-préfecture de Taabo sur la période de 1981-2019

II- Impacts des irrégularités pluviométriques sur la saison végétative et sur l'activité agricole de la banane plantain

II.1- Modification de la saison végétative

L'analyse de la figure (7) montre une modification de la saison végétative dans la sous-préfecture de Taabo. Cette modification de la saison végétative est perceptible de par la variation des périodes pré humides, humides, post humides et sèches en suivant le découpage de l'année en saison végétative à l'échelle décennale selon la méthode de Franquin. La période pré humide en agriculture correspond à la période des brulis et des semis à secs. Au cours des décennies 1981-1990 ; 2001-2010 et 2011-2019 cette période pré humide part de la deuxième décade de février à la troisièmes décade d'avril. Elle a une durée de deux mois. En revanche, nous réalisons que cette même période débute à la première décade de mars pour s'achever aussi à la troisième décade d'avril lors de la décennie 1991-2000. Quant à la première période humide, elle reste invariable sur toutes les quatre décennies (figure 7). Vu que nous sommes dans un espace à régime pluviométrique bimodal, nous notons la présence d'une période intermédiaire entre les périodes humides. Cette période intermédiaire a connue une véritable modification. En effet, la période intermédiaire qui ne durait qu'un tout petit mois (mi-juillet à mi- aout) au cours de la première décennie (1981-1990) s'est considérablement élargie (début deuxième décade de juillet à fin troisième décade de septembre) durant la deuxième décennie (1991-2000) en passant d'un mois à deux mois et demi pour retomber à deux mois pendant la décennie 2011-2019 figure (7 D). Contrairement à la première période humide, la seconde période humide connait des variations. D'une durée de deux mois et demi au cours de la première décennie, elle est passée à un mois durant la deuxième décennie puis à deux mois lors de la dernière (figure 7 A ; 7 B et 7 D). Différemment des autres décennies, la décennie 2001-2010 ne présente ni de période intermédiaire, ni une seconde période humide. La saison végétative de cette décennie est conforme à celui des régions à régime pluviométrique uni-modal (figure 7 C). La période post-humide reste constante durant les deux premières décennies (figure 7 A et 7 B). Elle a une durée d'un mois. La période post-humide a connu un véritable bouleversement au cours de la troisième décennie (2001-2010). Elle part de la deuxième décade de juillet à la deuxième de novembre, soit une durée de quatre mois (figure 7 C). La première période agricole n'a subi aucune modification (figure 7 C) contrairement à la deuxième période agricole qui s'est vu disparaitre durant la troisième décennie (figure 7 C) pour réapparaitre au cours de la dernière décennie (2011-2019) en ce rétrécissent (figure 7 D).

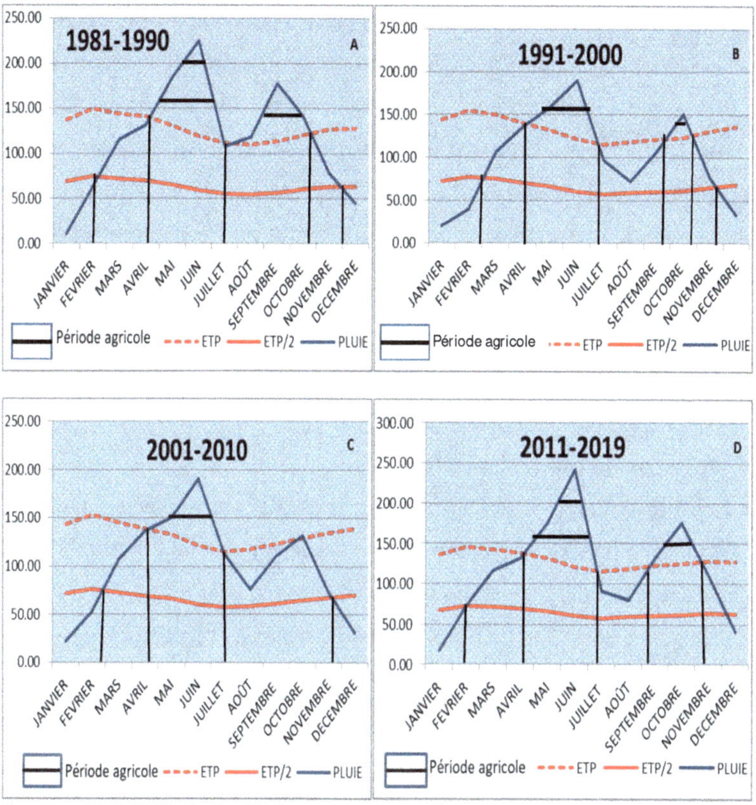

Source : KOUADIO. D. O., 2020 *après traitement de données recueillies sur* www.nasa-power-lac.ci

Figure 7 : Mise en évidence de l'évolution du calendrier agricole à l'échelle décennale

II.2- Impacts de la variabilité climatique sur le calendrier cultural.

Comme pour la plupart des cultures dans les zones forestières, le défrichage a lieu à la fin de la saison sèche. Cette période est propice pour pratiquer l'abattis-brûlis des végétaux encombrant la parcelle. Celle-ci est semée en culture vivrière (riz, maïs, igname, arachide) dès les premières pluies (troisième ou quatrième pluie consécutive pour éviter le dessèchement des jeunes plants), puis immédiatement après en bananiers CFSI, (2015). La pratique de l'activité agricole dans la sous-préfecture de Taabo est strictement liée à la pluviométrie. La culture de la banane plantain demande une bonne répartition des pluies sur une période agricole pour un développement optimum. Mais la régression de la forêt et la variabilité climatique que connais cette sous-préfecture met en mal la maitrise des saisons pluviométriques par les cultivateurs. Or, la connaissance des saisons pluviométriques pour mieux adopter un calendrier cultural est indispensable dans la pratique de l'activité agricole dans le cadre d'une agriculture pluviale comme il en est le cas dans la sous-préfecture de Taabo. Tous les cultivateurs confirment une modification des saisons pluviométriques dans la zone d'étude. La modification de ces saisons pose d'énormes problèmes aux producteurs de banane plantain dans la mesure où il devient difficile pour eux de mettre en place un véritable calendrier cultural de la banane plantain.

II.2.1- Modification du calendrier cultural

Le calendrier cultural de la banane plantain dans la sous-préfecture de Taabo connait une modification. Cette modification du calendrier cultural est selon 31,09% des enquêtés liée à la modification des saisons pluvieuses. Pour les 68,91%, cela est due à la disparition de la forêt au profit d'autres types de végétations. Selon ces derniers, le travail que demande une végétation de forêt avant sa mise en culture est plus complexe que les végétations que l'on rencontre actuellement dans la zone. De ce fait, le nettoyage et le défrichage de la forêt se faisait un peu plutôt avant, tandis qu'aujourd'hui l'on attend qu'on approche vers les premières pluies pour la préparation des terres.

Tableau 5 : Calendrier cultural de la bananeculture avant

	J	F	M	A	M	J	JT	A	S	O	N	D
Défrichage et préparation des terres												
Sémis (plantingue)												
Floraison												
Maturation et récolte												

Source : Nos enquetes, 2020

Tableau 6 : Calendrier cultural actuel de la banane culture

ANNEE	J	F	M	A	M	J	JT	A	S	O	N	D
Défrichage et préparation des terres												
Sémis (plantingue)												
Floraison												
Maturation et récolte												

Source : nos enquêtes, 2020

II.3- Impacts de la variabilité climatique sur les variétés de bananes cultivées

La Cote d'Ivoire renferme une forte diversité variétale de banane plantain centrée dans la partie Est du pays où plusieurs variétés sont identifiées (THIEMELE et al, 2017). Plusieurs variétés de banane plantain existent dans la sous-préfecture de Taabo. Nos enquêtes dans des bananeraies et dans les espaces de stockages de bananes nous ont permis de catégoriser ces bananes en deux grandes variétés. Ce sont la variété corne (faux corne ; vrai corne) et la variété french. Les variétés cornes sont les bananes qui dominent tant dans les plantations que sur les marchés de consommation dans notre zone d'étude. Les variétés frenchs sont peu représentées dans les bananeraies malgré l'immensité de leur régime.

Source : KOUADIO. D. O., 2020

Planche 1 : Variété corne à gauche et variété french à droite

L'évolution des paramètres agro-pluviométriques et socio-économiques ont entrainé la disparition de certaines variétés de banane selon les paysans. Ils affirment que des variétés comme « fôtô blan » qui était autre fois présentent dans la région ne le sont plus aujourd'hui. Plusieurs raisons sont évoquées pour justifier la disparition de ces cultivars. Nous les avons donc regroupés en trois à savoir : les raisons économiques, de consommations et la détérioration des conditions de développement.

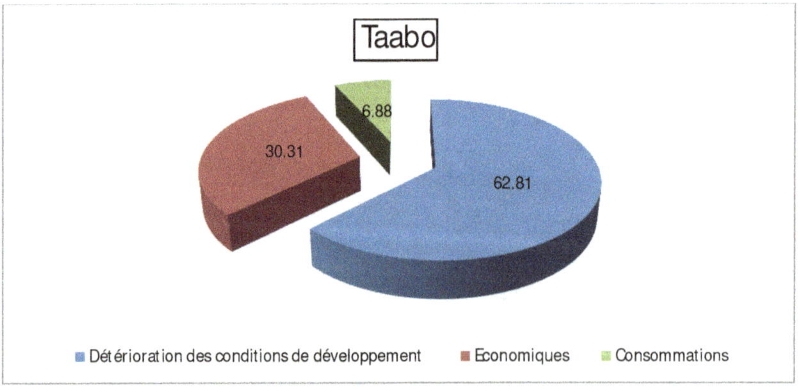

Source : Nos enquêtes, 2020

Figure 8 : Différentes raisons de la disparition de certaines variétés de banane plantain dans la sous-préfecture de Taabo

Pour 62,81% des paysans enquêtés, la détérioration des conditions propices au bon développement de ses cultivars est à la base de leur disparition. Ces variétés de banane sont sensibles à la température et se développent mieux en sol de forêt. Or, dans la sous-préfecture de Taabo, nous assistons à une disparition de la végétation responsable de la hausse des températures et de la modification pluviométrique. 30,31% des cultivateurs attribuent leur disparition des raisons d'ordre économiques. Pour eux, les types cornes sont mieux appréciés par les acheteurs du fait de la forme et la taille de leurs fruits. Ce penchant, le choix des acheteurs de banane (Lôgô-dougou) en faveur de certaines variétés amène les paysans a abandonné les variétés les moins prisés sur les marchés urbains. Des agriculteurs lient par contre la disparition de ces variétés de banane à des raisons de consommation. Ils représentent 6,88% de nos enquêtés.

III- Impacts des irrégularités pluviométriques sur la production bananière dans la sous-préfecture de Taabo

III.1- Impacts irrégularités pluviométriques sur le rendement et la production du plantain

Trois éléments climatiques ressorts chez les cultivateurs de la sous-préfecture de Taabo en parlant de l'impact de la variabilité climatique sur la banane plantain. Il s'agit du vent, de la température et de la pluviométrie. 100% des paysans de la sous-préfecture de Taabo sont unanimes sur le fait que le climat influence le rendement et la production de la banane plantain. Cependant, ils restent partagés sur l'élément climatique qui impacte plus sur la production bananière.

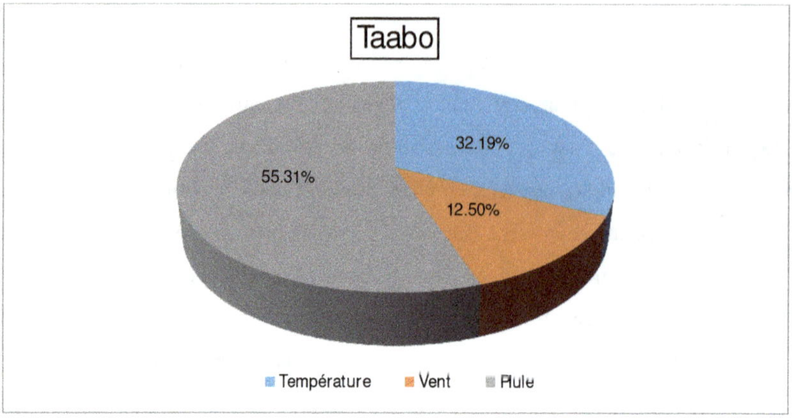

Source : nos enquêtes, 2020.

Figure 9 : Part majeure de la pluviométrie dans les impacts des facteurs du climat sur la production bananière selon les paysans

La pluie est toutefois désignée comme l'élément climatique qui influence le plus la production de la banane plantain selon (55,31%) des enquêtés, suivie de la température (32,19%) et du vent (12,50%). Pour eux, une borne répartition de la pluviométrie permet un bon développement des cultures même sur un sol peu fertile.

Les effets du vent se fond véritablement ressentir sur le rendement et la production de la banane plantain lorsque les troncs des bananiers cède sur la pression atmosphérique ou lorsqu'ils sont déracinés par le vent bien avant leur floraison. Dès cet instant, les bananiers n'arrivent plus à suivre leur cycle normal et le fruit issus de leur floraison ne se développe plus convenablement. Ceux qui cèdes après que leurs fruits soi bien rempli ou atteint la maturité ne rencontrent pas les mêmes problèmes. Ils sont plutôt confrontés au surpoids. Aussi, sont-ils exposés aux insectes et rongeurs qui se nourrissent de bananes.

La répartition des précipitations détermine les productions dans le contexte d'une agriculture pluviale (FAO, 1997). L'incertitude pluviométrique expose quant à lui l'agriculture pluviale à une baisse de rendement (Diomandé et al, 2013). Dans la sous-préfecture de Taabo, la grande saison sèche a une durée de cinq mois. Elle affecte considérablement le développement des jeunes plans de banane au cours des mois de décembre, janvier, février et mars. Selon GUILLEMOT, (1976), l'importance des précipitations et de leur répartition constitue le seul facteur limitant la culture de la banane plantain. La température et la pluie sont pour les paysans, les véritables facteurs qui influencent les étapes de développement du plantain et son rendement dans leurs régions. Selon eux, une température de plus en plus élevée affecte le bananier plantain à tous les stades de son développement. Cependant, les impacts d'une température très élevé durant la grande saison sèche sur la banane plantain sont plus conséquents. Pour (ROSALE et al, 2010), des périodes de sècheresse de quatre semaines et plus affectent le développement normal du bananier quels que soit son stade de croissance et le type de sol, mais lorsque cette période sèche survient au moment de la différenciation florale ou du remplissage du fruit, elle est encore plus dévastatrice. Dans la sous-préfecture de Taabo, les effets de la hausse de la température en période sèche se font ressentir non seulement sur la forme du régime mais également sur son poids et la qualité de ses fruits. Les impacts des péjorations pluviométriques et de la hausse des températures sur les cultures se manifestent fréquemment par stress hydriques et / ou thermiques en milieu tropical AFOUDO, (1990) cité par DOUKPOLO, (2014). Pour les cultivateurs, un excès ou un déficit hydrique pose problème sur la croissance du bananier. En cas d'excès en eau, le bananier peut mourir en sol hydromorphe. Ces sols sont moins imperméables à l'eau, ce qui entraine la pourriture du bulbe du plantain lorsque les racines sont asphyxiées. Par contre, en cas de déficit hydrique, le bananier connait un retard de croissance avec amincissement ou flétrissement du tronc. Les rejets nouvellement plantés sèches et impacts fortement la production bananière. Tous les enquêtés estiment cependant que la production de la banane plantain dans la sous-préfecture de Taabo connaît une hausse. Pour eux, cette hausse s'explique par la mise en place toutes les années d'une nouvelle bananeraie par les cultivateurs associés à la production des anciennes plantations de banane.

Source : Kouadio. D. Olivier., janvier 2021

Planche 2 : Banane exposé aux rongeurs (A) ; Retard de croissance de jeunes bananier du fait de l'intensité du rayonnement soleil (B) ; Mauvais remplissage des fruits après rupture du tronc sous l'effet du vent (C) ; Malformation de régime de banane due à une hausse de température (D)

III.2- Analyse de l'évolution pluviométrique et de la production de la banane plantain

La figure (10) met en évidence l'évolution interannuelle de la pluviométrie et la production de la banane plantain dans la sous- préfecture de Taabo. Pour BAMBA, (2019) cette corrélation doit être effectuée entre rendement agricole et pluviométrie moyenne annuelle. Cependant du fait du manque de donnés sur le rendement, nous avons effectués cette corrélation avec les données de production bananière mise à notre disposition par le ministère de l'agriculture. Cette évolution comparée a été fait sur une période de sept ans. En effet, les données de productions que nous disposons part de la période agricole de 2013 à 2019 et nous les avons appliquées aux données pluviométrique de ces mêmes années. Globalement, nous constatons que l'évolution de la production de la banane plantain dans la sous-préfecture de Taabo n'est pas en phase avec celle de la pluviométrie interannuelle (figure 10). En effet, pendant que l'évolution de la pluviométrie fluctue entre hausse et baisse, la production de la banane plantain en revanche augmente d'une année à une autre. Pour les paysans de la dite sous-préfecture, cette évolution de la production est due à la place que la banane plantain occupe dans l'alimentation de la population de la dite sous-préfecture mais aussi au commerce lié à cette culture. Les paysans voies en cette culture une véritable source de revenue chose qui les encourage à la mise en place tous les ans de nouvelles plantations de banane.

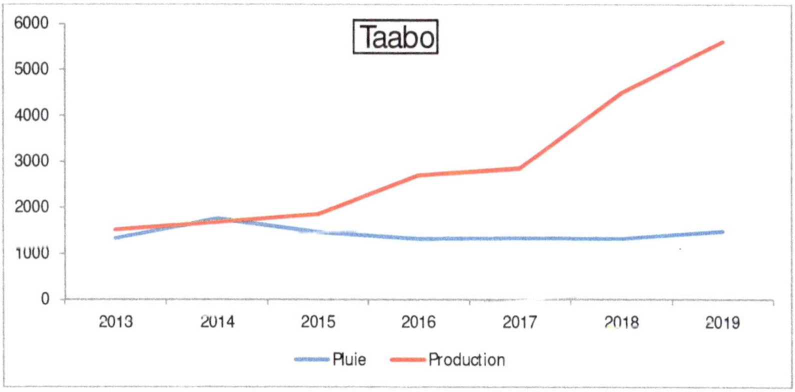

Source : KOUADIO. D. O., 2020 *après traitement de données recueillies sur* www.nasa-power-lac.ci et à la direction du ministère de l'agriculture.

Figure 10 : Evolution des cumuls pluviométriques annuels et de la production bananière par an

III.3- Corrélation selon Pearson

Il ressort du test de corrélation de Pearson qu'il existe un lien entre la pluviométrie et la production de la banane plantain. Avec négative (-0,19), ce lien est très faible. Cette valeur négative montre également que les deux phénomènes évoluent de manière opposée. De cette relation entre la pluviométrie et la production bananière, il ressort que 19% de la baisse de la production du plantain est liée à la baisse de la pluviométrie. A traves ce résultat du test de corrélation, nous pouvons dire que les autres paramètres climatiques à savoir la température et le vent mentionnés par les paysans influencent véritablement la production bananière. Cependant, d'autres facteurs non climatiques impacts également la production de la banane plantain.

IV- Autres facteurs intervenants dans la production de la banane plantain dans la sous-préfecture de Taabo

IV.1- Le sol et la végétation

Une terre de qualité est nécessaire voir indispensable au bon développement des plantes. Dans la sous-préfecture de Taabo, il ressort de nos enquêtes auprès des paysans que la variabilité climatique participe à la détérioration de la qualité du sol. Aussi, la pression démographique, la recherche de nouvelles terres pour la pratique de l'agriculture qui s'impose aux paysans de la sous-préfecture de Taabo sont selon les cultivateurs tout aussi responsables de la dégradation de la fertilité du sol et de la réduction drastique des terres propices au développement de la banane culture. En effet, ils trouvent les sols sous foret plus fertile car ces terres bénéficient de matière organique, minérale et d'une bonne humidité. Par conséquent, leur réduction conduit nécessairement à la diminution des terres fertiles. La réduction de terre cultivable dans la sous-préfecture de Taabo est aussi liée à l'implantation de sociétés agro-industrielles qui occupent d'importants espaces dans certains villages, mais également à la construction de barrages hydroélectriques (barrage de Taabo et le barrage Singrobo-Taabo) qui engloutissent d'importantes superficies de terres. Cependant, une terre devient médiocre selon les cultivateurs lorsque les plantes cultivées sur cet espace n'arrivent plus à se développer normalement et que l'on enregistre de mauvais rendement. Des lors, cet espace est mis en jachère.

IV.2- Une main d'œuvre vieillissante et indisponible

La disponibilité de la main d'œuvre agricole est indispensable dans la pratique d'une agriculture traditionnelle. L'agriculture manuelle est le type d'agriculture pratiquée par les paysans de la sous-préfecture de Taabo. Cette agriculture demande l'utilisation des outils archaïques et la disponibilité d'une main d'œuvre agricole. La population de la sous-préfecture de Taabo à l'instar de celle de la cote d'Ivoire est jeune. Cette jeunesse associés aux allochtones venu du nord et du centre du pays ainsi que les allogènes venu des pays voisins constituent une main d'œuvre abondante et un véritable atout au développement de l'agriculture dans la dite sous-préfecture. Cependant, depuis l'intégration de la culture de l'anacarde en Côte d'Ivoire et son développement au centre et au nord du pays, l'accès aux travailleurs (manœuvres) devient problématique. La migration de ces populations vers la sous-préfecture de Taabo connait un net ralentissement. Les agriculteurs vieillissants de la sous-préfecture de Taabo qui se trouvent aujourd'hui dans l'incapacité de créer de nouvelles plantations voient leur production agricole en baisse faute de main d'œuvre agricole.

IV.3- Les parasites et ravageurs

Au cours de nos enquêtes dans les exploitations agricoles, nous avons constatés l'effet considérable des insectes sur les bananiers. En effet, les racines, les bulbes, les feuilles et même les fruits des bananiers plantains sont soumis aux attaques des maladies et ravageurs. Ces derniers exercent une agression sur le bananier. Les racines sont exposées aux nématodes. Ces nématodes réduisent le nombre de racines fonctionnelles du bananier plantain, affaiblisses son encrage et diminuent sa capacité d'absorption et de transport de nutriments (CALIER et al 2002 ; KASHAYA et al, 1998 ; LUC et VILARDEBO, 1961). La diminution des racines engendre la chute des plans et peut provoquer des pertes de productivités importantes. Les charançons sont de véritables dangers pour les bananiers, ils tuent leurs racines, réduisent la vigueur des plans, retardent leurs floraisons et entrainent la baisse de leur production du fait de la perte des bananiers et de la réduction des poids des régimes (AUGUSTE, 2012 ; GOLD et MESSIAN, 2000). Comme toutes plantes, les bananiers ont besoins de leurs feuilles pour mieux se développer. Dans la sous-préfecture de Taabo, les feuilles des bananiers plantains sont également sous l'emprise de ravageurs. Selon LASSOUDIERE, (1987) la maladie des raies noires associés aux autres ravageurs contribue aux dessèchements des feuilles de la banane plantain avant le remplissage des fruits. Ceci a un impact considérable non seulement sur le rendement, mais également sur la production de la banane plantain.

Source : Kouadio. D. Olivier., janvier 2021

Photo 2 : Rupture du tronc du bananier sous l'action des termites

CONCLUSION

Il ressort de ce chapitre que les irrégularités pluviométriques dans la sous-préfecture de Taabo ont des impacts sur la bananeculture. Ces impacts sont perceptible sur les variétés cultivées, sur le développement des jeunes plans de banane et sur les bananiers en phase de floraison et de remplissage des fruits. Tout ceci est responsable de la baisse de rendement des bananerais.

CHAPITRE 3 :

STRATEGIES D'ADAPTATION MISES EN PLACE PAR LES BANANECULTEURS FACE AUX IRREGULARITES PLUVIOMETRIQUES DANS LA SOUS-PREFECTURE DE TAABO

Introduction

La population de la sous-préfecture de Taabo est majoritairement agricole. Cette localité a vu sa population croître de façon exponentielle ces dernières années du fait de ses potentialités agroclimatiques et hydriques qui attirent les personnes à la recherche de terres fertiles pour la pratique de l'activité agricole. Cela a favorisé l'arrivée des peuples du centre, du nord et ceux des pays voisins dans cette région. Des terres cultivables leurs ont été cédés par les autochtones. Aujourd'hui, de véritables problèmes fonciers se posent tant bien entre les allogènes et les autochtones mais aussi entre autochtones. Malgré la pression foncière dont on note à Taabo, les cultivateurs font de la recherche de nouvelles terres une stratégie d'adaptation face aux effets de la variabilité climatique sur l'agriculture. Ce chapitre présente les stratégies d'adaptation paysannes mises en place par les cultivateurs de la sous-préfecture de Taabo.

I- Stratégies d'adaptation d'ordre environnemental mises en place par les bananeculteurs dans la sous-préfecture de Taabo

I.1- La recherche de nouvelles terres arables

La bananeculture est différente des autres cultures qu'on rencontre dans la sous-préfecture de Taabo. La banane peut durer cinq(5) ans voire plus sur une même parcelle selon la qualité du sol, des conditions climatiques et du type de culture associé. Sur sol sableux, le cycle du bananier se réduit a deux or en zone forestière, elle va au-delà de six et vingt année (TRAORTE et al, 2009). Par contre les autres cultures, notamment vivrières ne colonisent pas l'espace et peuvent être cultivées sur la même parcelle durant plusieurs années consécutives. L'espace est mis au repos (en jachère) lorsque le rendement des cultures devient médiocre. La mise en culture toutes les années d'une plantation de banane demande en revanche de nouvelles terres arables. Les terres recherchées aujourd'hui par les paysans de la sous-préfecture de Taabo pour la mise en place de leur bananeraie ne tiennent forcement pas compte de la qualité du sol et du type de végétation. Cependant, 83% de nos enquêtés souhaitent avoir une végétation de forêt pour la pratique de cette culture. Ils reconnaissent néanmoins une terre propice à la bananeculture par la texture et la structure qu'affiche ce sol. Monsieur Kokora Yao Dibert, planteur âgé de 51 ans résident à Kotiéssou a affirmé à ce propos qu'une terre est dite fertile lorsque son sol présente une texture rouge ou noire avec une structure sablo- limoneuse et gravillonneuse. Ils vérifient cependant la qualité de ce sol en faisant simplement un prélèvement de ce sol dans la paume. Si la portion de terre compressée ne se détache pas, alors elle est de bonne qualité.

Source : Kouadio. D. Olivier., 2021

Planche 3 : Echantillon d'un sol apte pour la bananeculture à gauche et d'un sol inapte à droite

L'agriculture dans la sous-préfecture de Taabo est passé d'une agriculture de subsistance à une agriculture d'exportation, chose qui a impacté le mode d'acquisition des terres.

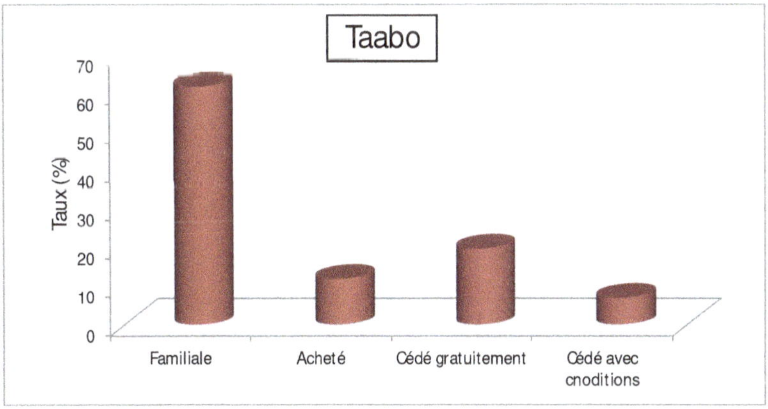

Source : nos enquêtes, 2020

Figure 11 : Mode d'acquisition des terres dans la sous- préfecture de Taabo

La mise en place d'une plantation demande tout d'abord l'acquisition d'une portion de terre. Le foncier dans la sous-préfecture de Taabo est détenu par la population autochtone propriétaire terrien. Nous pouvons constatés ce fait à travers la figure (11) avec une forte dominance du mode familial d'acquisition de terre pour la bananeculture dans la dite sous-préfecture (61,56%). En effet, les terres sont des héritages partagées généralement entre les membres des familles autochtones. L'accès familial des terres est suivi par le don te terre (19,68%). Cela s'explique par le fait que la population autochtone à céder gratuitement des parcelles à leurs frères allochtones venu du centre et du nord mais également à la population allogène il y plus de cinquante années. Les (11,88%) et (6,88%) des personnes enquêtées achètent les terres avant la création de leurs champs pour les premiers. Les seconds accèdent à la terre par des conditions telles que le partage de la parcelle lorsque le champ entre en production. Ce mode prend de plus en plus de l'ampleur dans la sous-préfecture de Taabo.

I.2- Utilisation des ilots de terres

Face à la pression foncière, les paysans utilisent les ilots de terre pour la pratique de la bananeculture. Taabo est une véritable zone cacaoyère où les plants de cacao ont toujours été cultivés en association avec les rejets de banane. Les bananiers qui servent d'ombrage aux jeunes plants de cacao disparaissent au fur et à mesure que les cacaoyers se développent. Les vergers de cacao vieillissent et des portions disparaissent à leur tour sous la modification des conditions pluviométriques. C'est également à cause des attaques des insectes et de la qualité du sol. Des ilots de forêts prennent forme à la place des vergers de cacao disparus dans les plantations de plus de cinquante(50) ans. Lors de nos enquêtes de terrain, nous avons réalisé que ces ilots de forêt sont utilisés par les paysans pour la culture de la banane plantain dans tous les villages enquêtés. Ce système leur permet de renouveler leur plantation de cacao mais aussi et surtout d'accroître leur production de banane.

Source : nos enquêtes, 2020.

Photo 3 : Ilot de bananeraie dans une vieille plantation cacaoyère à Ahondo

II- Stratégies d'adaptation d'ordre technique et pratique mises en place par les bananeculteurs dans la sous-préfecture de Taabo

II.1- Le choix des rejets

La mise en place d'une bananeraie hormis l'acquisition d'une terre et de sa préparation pour sa mise en culture nécessite aussi l'acquisition de rejets de banane. Les paysans pour se procurer des rejets pour la mise en place de leur plantation de banane utilisent plusieurs techniques. Certains récupèrent les rejets de leurs anciennes plantations pour minimiser leurs dépenses. D'autres, notamment les nouveaux cultivateurs, sont obligés d'acheter les rejets auprès de certains cultivateurs. Des paysans reçoivent des dons de rejets de banane auprès des parents ou et amis(es). Cette méthode d'acquisition des rejets date selon les paysans depuis la pratique de la culture de la banane plantain et est avérée dans tous les villages.

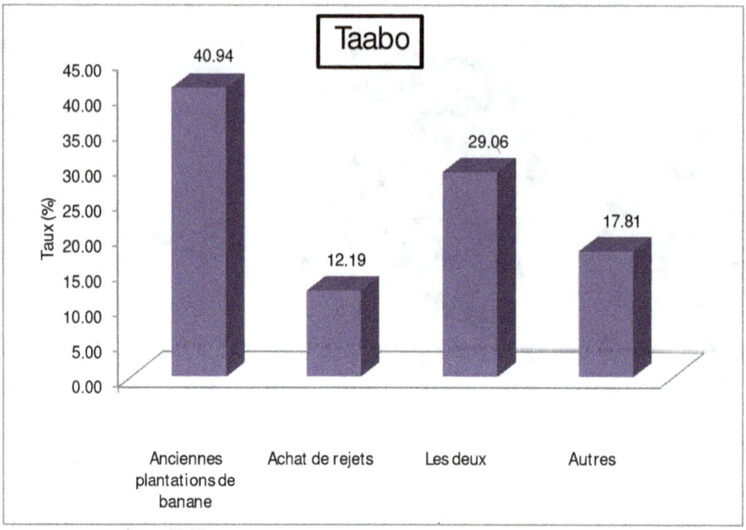

Source : nos enquêtes, 2020

Figure 12 : Origine des rejets de banane pour la création de nouvelles bananeraies la sous-préfecture de Taabo

Les paysans qui récupèrent les rejets dans leurs anciennes bananeraies représentent 40,94% des paysans enquêtés. Ceux qui achètent les rejets de banane avec d'autres cultivateurs et ceux qui utilisent les deux méthodes citées correspondent respectivement à 12,19% et 29,06%. Les autres 17,81% des paysans utilisent d'autres moyens pour avoir les rejets à cultiver. La détérioration des conditions pluviométriques de notre zone d'étude ont amené les cultivateurs à une sélection des rejets pour la création de leur champ. Les variétés améliorées ne sont pas utilisées par les paysans dans les plantations car ces derniers n'y ont pas accès. Pour pallier à ce problème, ils se basent sur le volume et la masse des rejets pour les sélectionnés. Les rejets qui ont un volume relativement important sont les plus recherchés et sélectionné par les agriculteurs pour leur nouvelles plantation. Ces rejets sont par la suite enlever et mis en de grands et petits tas avant le début de la saison pluvieuse. Cela permet de faire passer l'eau contenue dans le rejet de banane et favorise le développement rapide des feuilles des nouveaux plans de banane aux premières pluies. Selon le nombre de jours que fonds ces rejets, leurs premières feuilles apparaissent souvent avant même de les plantés. Au cours de la saison pluvieuse, les rejets enlevés sont mis en bouture immédiatement ou quelques jours après. Des paysans maintiennent le pseudo tronc et les feuilles sur certains rejets jugés moins volumineux en saison pluvieuse et les plantent directement. Cela permet à ces rejets de banane de se développer rapidement et d'échapper aux aléas du climat pendant les saisons sèches. Les producteurs de banane dans la sous-préfecture de Taabo utilisent en moyenne entre mille(1000) et mille cinq cent(1500) rejets par hectare pour leur plantation pour une production optimale.

Source : Kouadio. D. Olivier

Planche 4 : Rejets de banane à gauche et jeune plans de banane à droite

II.2- Stratégies d'entretiens de la bananeraie

Pour un bon développement, les plantes ont besoin d'eau, de la lumière et des matières minérales et organiques. En ce qui concerne les cultures, en plus de ces facteurs, il faut ajouter l'entretien des champs. Les bananeculteurs accordent une importance capitale à l'entretien de leurs plantations. C'est pour eux un moyen de faire une bonne production malgré les aléas de la variabilité climatique sur l'agriculture.

Une plantation de banane propre permet aux bananiers de mieux et vite se développer. Cela permet également aux bananiers d'avoir des régimes importants et des fruits bien remplis. Pour rendre les bananeraies propres, la plus par des cultivateurs nettoient trimestriellement leurs champs. Une part de nos enquêtés nettoient leurs plantations tous les quatre(4) mois. Cette tâche est effectuée généralement par les manœuvres. Ces manœuvres sont pris pour des durées déterminés allant de six(6) mois à un an. Nous avons aussi les contractuels qui sont des regroupements de personnes qui nettoient sur la base de mesure à des prix-fixes. Dans les localités enquêtées, ces prix varient entre 5000 et 7500 francs CFA pour 0,5 hectare ; entre 12500 et 17500 francs CFA pour un demi hectare et entre 30000 et 40000 francs CFA pour un hectare. Les cultivateurs dont l'âge varie entre 30 et 45 ans accomplissent généralement eux-mêmes cette tâche ou se mettent en association pour nettoyer. Aussi, pendant les vacances scolaires, les élèves forment-ils de petits groupes pour nettoyer également dans les plantations mais à des prix plus favorables. Le désherbage dans les jeunes plantations de banane cultivée en association avec les ignames est assuré par les femmes. Les herbes désherbées sont rassemblés autour des jeunes plans de banane par ces dernières pendant la saison sèche. Cela permet aux jeunes plans de banane de maintenir une relative humidité et d'éviter que les rayons du soleil atteignent directement les racines du bananier dans leurs étapes de développement. Pour faire disparaitre certaines mauvaises herbes de leurs bananeraies, certains cultivateurs utilisent des herbicides. La pulvérisation de ces produits conduit à la disparition de la végétation nocive dans les champs.

Source : Kouadio. D. Olivier

Photo 4 : Bananeraie proprement nettoyée

III- Stratégies d'adaptation d'ordre socio-économique mises en place par les bananeculteurs dans la sous-préfecture de Taabo

Les paysans ont mis en place deux principales stratégies pour faire face aux difficultés socio-économiques. Ce sont l'association culturale et la pratique d'activités non agricoles.

III.1- Association culturale

Pour faire face à l'insécurité alimentaire les bananeculteurs privilégient l'association culturale qui leur permet d'avoir une variété de production. Pour DOUKPOLO, (2014) cette association culturale est une pratique très ancienne dans les systèmes culturaux en Afriquc subsaharicnnc. Cettc tcchniquc, nous l'avons constatéc chez les paysans dans la sous-préfecture de Taabo grâce à nos enquêtes de terrain. En effet, à côté de la bananeculture, les cultivateurs de cette sous-préfecture pratiquent aussi la culture de l'igname, manioc, riz, etc... Ces cultures jouent un rôle très important au niveau de la sécurité alimentaire de cette zone puisqu'elles permettent aux populations de couvrir leurs besoins alimentaires. Lorsqu'il y a une véritable pénurie de la banane plantain sur le marché au cours du deuxième trimestre d'année, ces spéculations vivrières sont prisées. Des témoignages ont été faits précisément à

Kotiéssou. Dans cette localité le foutou fait à base du plantain est le principal aliment de consommation de la population autochtone, Yao Ahou Delphine âgé de 48 ans affirme : la population a énormément souffert au cours de l'année 2018-2019 lorsque le plantain a manqué puisqu'ils n'ont pas véritablement accordés une importance aux autres cultures vivrières susceptibles de prendre la relève pendant cette période. Pour ne plus revire la même situation presque tous les enquêtés de ladite localité affirme avoir faire un champ d'igname au cours de cette année 2019-2020.

Source : Kouadio. D. Olivier

Photo 5 : Association banane, manioc et igname

Table 1 : Culture vivrières de la sous-préfecture de Taabo

Sous-préfecture	Spéculation	Rappel superficie emblavée en 2018 (ha)	Superficie emblavée en 2019 (ha)	Production 2018 (t)	Production 2019 (t)
Taabo	Banane plantain	1600	150	4500	5600
	Igname	185	250	1850	1910
	Manioc	125	280	150	175
	Riz pluvial	225	350	250	265
	Riz de bafond	230	150	180	175
	Total	2365	1180	6930	8125

Source : Direction de l'agriculture, 2019.

Le tableau (7) traduit réellement l'importance accordé à la culture de la banane plantain dans la sous-préfecture de Taabo. Le superficie emblavée par les plantations de banane en 2018 est largement supérieur aux superficies emblavées par les champs d'igname, de manioc, de riz pluvial et de riz de bafond associé durant cette même année. Cette situation est la même en 2019 au niveau de la production de ces cultures. L'igname se présente comme la deuxième culture vivrière de la sous-préfecture avec une production de (1850 t) en 2018 et (1910 t) en 2019. Cela est dû à la population autochtone N'gban qui accorde une attention particulière a cette culture. Les productions issues des autres sont aussi importantes dans l'alimentation domestique.

III.2- Stratégies de reconversion professionnelle

Dans la région de Taabo, le cacao est la principale source de revenue des hommes tandis que la banane est celle des femmes dans la plupart des localités enquêtées. On retrouve cependant des femmes avec des plantations de cacao et des hommes avec des champs de banane. La commercialisation des productions issues de ces deux cultures permettent aux paysans de répondre à leurs besoins financiers. Ces véritables sources de revenus des paysans, connaissent cependant une période de vulnérabilité sociale. Dans nos milieux ruraux, on a pour coutume de dire que l'agriculture est l'unique source de revenue des populations BAMBA, (2019). Cela n'est pas le cas dans notre zone d'étude bien vrai que l'unique source de revenue de certains paysans provient de l'agriculture. En effet, les cultivateurs de la sous-préfecture de Taabo s'adonnent aussi à des activités non agricoles pour faire face aux irrégularités pluviométriques sur l'activité agricole à fin de répondre à certains de leurs besoins socio-économiques. Ces activités sont entre autres le commerce, l'élevage, la pèche et l'artisanat.

III.3- Le commerce

Le commerce pratiqué par les populations dans notre espace d'étude est lié non seulement à l'agriculture, mais aussi à l'élevage et à la pèche. Il est lié à l'agriculture dans la mesure où les produits issues de l'agriculture sont achetés par certains paysans et revendu par ces dernier sur les marchés urbains. Ce type de commerce est détenu majoritairement par les femmes appelés communément « *lôgô-dougou* » de ladite sous-préfecture. Son lien avec l'élevage et la pêche réside dans la vente des productions animales et halieutiques par certains paysans. En effet, certains paysans ont comme activités la vente de poisson d'eau douce. Selon Koudou, 2012, cette commercialisation des produits halieutiques dans la sous-préfecture de Taabo est dominée par les femmes de Taabo village Taabo village. D'autres par contre son spécialisés dans la vente de poissons issues de la pèche maritime. Ces derniers vents de manière traditionnelle dans leur différent domicile excepté quelques un qui ont mis en place des magasins hors de les lieux d'habitation pour exercer leur activité. Pour satisfaire à la population de Taabo qui est en constante évolution, des activités de restauration ont été également mises en place par les paysans. Ces activités sont généralement des espaces de vente d'attiéké et de petit restaurant villageois. Le revenu issu de ces commerces permet aux paysans de pouvoir répondre à certains de leurs besoins.

III.4- L'élevage et la pêche

Tout comme l'agriculture, l'élevage et la pêche sont de pratiques très anciennes dans la sous-préfecture de Taabo. Les paysans pratiquaient ces deux activités pour des besoins de consommation familiale. L'arrivé d'une population allogène *(bozo)* sur les rives du lac de Taabo après la construction du barrage a changé cette perception de la pêche qu'avait la population autochtone. En effet, d'une pratique dédiée à l'autoconsommation, les paysans de la sous-préfecture pratiquent aujourd'hui la pêche pour des raisons économiques. La pêche se présente à Taabo comme une des principales sources de revenus monétaires des paysans KOUDOU, (2012). L'élevage également représente une source de revenue importante pour la population de la sous-préfecture de Taabo. Cette activité regroupe l'élevage de bovins, d'ovins, de caprins et de port KOUAME, (2018). La présidente des femmes de kotiéssou affirme que son association dénommée « *blassati* », dispose de plus de deux millions grâce à l'élevage de bovins. Ce montant sert de prêt aux membres de leur association pour subvenir à leurs besoins. Ce témoignage est une preuve du rôle économique de l'activité d'élevage dans la sous- préfecture de Taabo.

CONCLUSION

Dans le souci de faire face aux irrégularités pluviométriques ainsi qu'à la dégradation des conditions agroclimatiques et socioéconomiques, les bananeculteurs de la sous-préfecture de Taabo ont mis en place diverses stratégies d'adaptation. Ce sont entre autres l'association culturale, la modification du calendrier cultural, la recherche de nouvelle terres arables, l'association culturale et l'adoption d'activité non agricole.

CONCLUSION GENERALE

De meilleures conditions climatiques favorisent le bon développement des plantes. Dans le cadre des cultures, leurs importances est encore plus considérable. Dans la sous-préfecture de Taabo, zone à vocation agricole, nous avons analysés l'évolution de la pluviométrie afin de connaître ses probables impacts sur la culture de la banane plantain. Cette analyse des données pluviométriques de 1981 à 2019 s'est faite grâce à l'utilisation des méthodes statistiques. L'indice de Nicholson appliqué à notre série a permis de déterminer des années excédentaires, normales et déficitaires. Grace aux tests de Pettit, nous avons également déterminées une rupture dans notre série chronologique. Apres la rupture, la pluviométrie dans la sous-préfecture de Taabo connaît une hausse significative. La méthode de Franquin, nous a été d'une grande importance dans la détermination de la saison végétative du bananier dans la dite sous-préfecture. L'indice de Birot montre que nous sommes dans une zone climatique à régime bimodal. Cependant en analysant la pluviométrie mensuelle annuelle, on note une modification des soisons. En effet, les mois secs (février, août et novembre) deviennes de mois humides durant certaines années et les mois humides (mars, avril, mai, septembre et octobre) se trouvent être de mois secs pendant certaines années. Par conséquent, notre hypothèse qui stipule que « *les irrégularités pluviométriques dans la sous-préfecture de Taabo se justifient par la modification des saisons pluviométriques* » **est confirmée**.

L'hypothèse de vérification de notre objectif deux dans le cadre de notre travail est : « *les irrégularités pluviométriques entravent la pratique de la culture de la banane plantain dans la sous-préfecture de Taabo* ». L'étude a donc montrée à ce niveau une modification des saisons agricoles décennales dans la sous-préfecture. Cette modification qui est perceptible au cours de la deuxième période agricole constitue un véritable obstacle au semi des rejets de banane. L'évolution de la pluviométrie impacts la culture de la banane plantain. Les enquêtes de terrain dans les différentes bananeraies de la sous-préfecture, nous ont permis de montrer ces impacts à différents niveaux. Ce sont sur le développement des jeunes plants, sur les bananiers en phase de floraison, sur le remplissage des fruits et sur la forme des régimes de banane. Les effets des paramètres climatiques sur ces différentes phases du bananier plantain entrainent la baisse de leur rendement. Cette baisse de rendement est encore considérable avec l'action des insectes sur le bananier et la détérioration de la fertilité des sols ainsi que la réduction des espaces cultivable et la rareté de la main d'œuvre. **Au vu de ce qui précède, nous concluons pour dire que notre hypothèse deux est confirmée.**

L'agriculture dans la sous-préfecture de Taabo en générale et la culture de la banane plantain en particulier souffre énormément de la modification des conditions agro-climatiques et écologiques. Faces à cette péjoration du climat, des stratégies paysannes d'adaptions ont étés mises en place par les cultivateurs pour atténuer de façon considérable ces effets sur l'activité de la banane culture. Face à la réduction des terres, les paysans ont adoptés comme stratégies la recherche de nouvelle terres et l'utilisation des ilots de forêt. Pour ce qui est des effets du climat sur la culture de la banane plantain, ce sont la sélection des rejets et l'entretien des plantains qui ont étés adoptés par les paysans. Etant donné l'apport économique de la production de la banane plantain pour les paysans et sa place dans leur alimentation, des stratégies socio-économiques sont également mises en place par ces derniers. Ces stratégies sont entre autre l'association culturale et la pratique d'activité non agricole. Dès lors notre hypothèse selon laquelle « *les stratégies d'adaptation mises en place par les producteurs de la banane plantain pour améliorer la production bananière dans la sous-préfecture de Taabo sont diversifiées*» **est confirmée.**

REFERENCES BIBLIOGRAPHIQUES

AHOUE. K. H, 2018 « variabilité pluviométrique et perspective de la culture du mil et du sorgho dans le département de Korhogo ». Université Alassane Ouatara, département de géographie, 133p.

BEAVOGUI. M, 2012 « impact du changement climatique sur la culture du riz pluvial en haut Guinée et propositions de stratégies d'adaptation », 95p

BOKO.K. A. N N., GUELADIO. C., BRAMA. K. ET DEDY. S., 2016« Variabilité climatique et changements Dans L'environnement à Korhogo en Côte d'Ivoire . Mythes ou Réalité ? ». In : EuropéanScientific Journal February2016 (Edition), vol.12, NO.5 ISSN 1857-7881 (Print) e – ISSN 1857-7431. 19p.

CEDEAO-CSAO/OCDE., 2008, « Atlas de l'intégration régionale : le climat et le changement climatique », 24p.

CIRAD., 2010 « Les bananes » : Producteurs et scientifiques se mobilisent pour une culture durable en Guadeloupe et Martinique, 8p.

CONFERENCE DES NATIONS UNIES SUR LE COMMERCE ET LE DEVELOPPEMENT, 2016 « Banane : un profil de produit de base par INFOCOMM », New York et Genève, 21p.

DIBISSI. N., BRUNO L. G. M., ERIC. S., TELESPHORE. B. Y., KOLI. B. Z ET JEAN-LOUIS C, 2011 « Vulnérabilité climatique et production du maïs en culture pluviale dans l'Est Ivoirien ». ISSN : 0262-6667(Print) 2150-3435(online), journal homepage : http://WWW.Tandfonline.Com /loi/thsj20. 167p.

DIOMANDE. M., DONGO. K, DJE. K. D, KOUADIO. K. K. H, KONE. D, BIEMI. J., ET BONFOH. B, 2013 « Vers un changement du calendrier cultural dans l'écotone Forêt-Savane de la Côte d'Ivoire ». In : Agronomie Africaine 25 (2) : 133 - 147 (2013). 15p.

ERIC. A. M., 2015 « impacts des changements climatiques sur l'agriculture et l'environnement dans le bassin du Congo ». Centre d'Etude et de Recherche sur les Analyses et Politiques économiques (CERAPE), 23p.

FE ROSALES., ALVAREZ. J.M ET VARGAS. A., 2010 « Guide pratique pour la production de la banane plantain sous haute densité de plantation » : Retours d'expériences d'Amérique Latine et du Caraïbe. In : Bioversity International., 26p.

GUILLEMOT. J, 1976 « Le bananier plantain en Côte d'Ivoire ».fruit, nov. Vol.31, n°11, 684-687p.

INSTITUT INTERNATIONAL DE RECHERCE SUR LES POLITIQUES ALIMENTAIRES (IFPRI), 2007 « Changement climatique : Impact sur l'agriculture et coûts de l'adaptation », Washington, D. C, 30p.

JEAN. J. A, 2012 « Diagnostic agro-écologique du système de culture à base de bananiers plantain en Gouadeloupe : Etat physico- chimique des sols et état sanitaire de la culture »Ste Marie Station Neuf Château 97130, Capestre belle Eau, France. N2012- XX, 53p.

KANGA. K. H, 2016 « Sécheresse et vulnérabilité socio-spatiale dans le quart Nord-Est de la Côte d'Ivoire », Université Alassane Ouatara, 347p.

KOUAME N., DICK. A. E., ASSIDJO N. E. ET ANNO. A. P., 2014 « Etude de la croissance du bananier plantain (Musa sp., AAB, cultivar cornel) dans les régions de Yamoussoukro et Azaguié (Côte d'Ivoire) ».In : Journal of Applied Biosciences 76:6411– 6424, ISSN 1997-5902. 14p.

KOUDOU. D, 2012 « Pêche et développement socioéconomique : cas de la Sous-Préfecture de Taabo (Côte d'Ivoire) ». Thèse Unique Université Félix Houphouët Boigny d'Abidjan, 352p.

LUDIVINE. L., JEAN-P. B. ET HAISSAM. J., 2009 « La banane de son origine à sa commercialisation ». Univ. Liège - Gembloux Agro-Bio Tech. Plant Pathology Unit. Passage des Déportés, 2. B-5030 Gembloux (Belgium). E-mail : jijakli.h@fsagx.ac.be. In : Biotechnol. Agron. Soc. Environ. 2009 13(4), 575-586. 12p.

METANGBO. D., KOUASSI. D., BRAMA. K., GUELADIO. C., JEAN. B. ET BASSIROU. B., 2008 « Vulnérabilité de l'agriculture pluviale au changement de régime pluviométrique et adaptation des communautés rurales du « V. Baoulé » en Côte d'Ivoire. 11p.

MBAGNICK. F, ABABACAR. F, GUILGANE. F ET ETIENNE. V. H, 2018 « Variabilité pluviométrique et ses incidences sur les rendements agricoles dans la région des terres neuves du Sénégal oriental ». Belgo, 1/ 2018, URL : http://journals openedictions.org/ belgo/21083, DOI : 104000/ belgo 22083. ISSN : 2294-9135.18p.

MIALOUNDAMA. G., BAKOUETILA. F., BOUKOULOU. H., TCHOUAMO. I. R., MBEMBA. F., KOUSSAFOULA. E., PETIT. S. ET Z. MBOUNGOU., 2016 « Production de la banane (Musa sp.) dans le district de Mouyondzi, République du Congo ». In : Journal of Animal & Plant Science, vol.30, Isue 1 : 4714-4726, Publication date 1/09/2016, http://www.m.elewa.org/JAPS. ISSN 2071-7024. 13p.

MINISTERE DE L'AGRICULTURE, 2009 « Etat des ressources phylogénétiques pour l'amélioration de l'agriculture : Second rapport national », 65p.

MINISTERE DE L'AGRICULTURE, 2011 « Les matinales d'information du gouvernement », discours laminaire du ministre de l'agriculture, 12p.

MINISTERE DE L'AGRICULTURE DE L'AGROALIMENTAIRE ET DE LA FORET, 2015 « Les politiques agricoles à travers le monde ». http//agriculture.gouv.fr/politique-agricoles-fiches-pays, 9p.

MINISTERE DE L'ENVIRONNEMENT ET DU DEVELOPPEMENT DURABLE, 2013 « Etude de vulnérabilité du secteur agricole face aux changements climatiques en Côte d'Ivoire », 105p.

MOREL. R, 2004 « Le climat et l'implantation des hommes : le cas de la Côte d'Ivoire ». Annales de l'association internationale de climatologie », vol 1, 132p.

PHILLIPE. C, 2007 « L'eau en partage », les petits barrages de Côte d'Ivoire. Institut de recherche pour le développement. Collection latutudel 23 Paris, 302p.

RESEAU INTERNATIONAL POUR L'AMELIORATION DE LA BANANEET DE LA BANANE PLANTAIN (INIBAP), 2003 « La revue internationale sur bananiers et plantain », Château-Musa : Un nouveau cru savoirs traditionnels de la filière plantain, les bananes des villes, les racines mise à nu ». Vol. 12 N° 1 ? 60P.

SALON DE L'AGRICULTURE ET DES RESSOURCES ANIMALES D'ABIDJAN, 1999 « L'agriculture Ivoirienne a l'aube du XXIe Siècle », 243p.

SYLVAIN. B, 2004 « Variabilités climatiques, interactions et modifications environnementales : L'exemple de la Côte d'Ivoire », Université des sciences et Technologies de Lille, 398p.

THIEMELE. D., TRAORE. S., ABY. N., GNONHOURI. P., YAO. N., KOBENAN. K., KONAN. E., ADIKO. A. ET ZAKRA. N., 2017 « Diversité et sélection participative de variétés locales productives de banane plantain de Côte d'Ivoire ». In : Journal of Applied Biosciences 114: 11324-11335, ISSN 1997-5902. 12p.

TRAORE. S., KOBENAN. K., KOUASSI. K. S. ET GNONHOUROU. G., 2009 « Système de culture du bananier plantain et méthodes de lutte contre les parasites et ravageurs en milieu paysan en Côte d'Ivoire ». In : Journal of Applied Biosciences 19: 1094 – 1101, ISSN 1997–590. 8p.

YAO. T. B, FRANCIS. A, SYLVAIN. B, 2005 « La variabilité climatique en Côte d'Ivoire : Entre perceptions sociales et réponses agricoles », Cahiers agricultures. 14, n° 6, novembre-Décembre, 8p.

YOBOUE. K. Y., 2018 « Histoire des souamenlé de Taabo : des origines a la mainmise coloniale française », Université Alassane Ouattara, 179p.

LISTE DES ILLUSTRATIONS

Liste des cartes

Liste des figures

Liste des photos

Liste des planches

Liste des tableaux

ANNEXES

ANNEXE 3 : DES PRISES DE VUES DE TERRAIN

Bananeraie sur sol apte

Mode de transport de la banane des exploitations agricoles vers les sites de stockage

Chargement de camion pour les marchés urbains

ANNEXE 4 : QUELQUES AUTORISATIONS DE TERRAINS

TD/GH
REGION DE L'AGNEBY-TIASSA

DEPARTEMENT DE TAABO

PREFECTURE DE TAABO

REPUBLIQUE DE COTE D'IVOIRE
Union-Discipline-Travail

Taabo, le 26 mars 2020

Circulaire n° 161 RAT/D-TAA/P-TAA/SG

LE PREFET DU DEPARTEMENT DE TAABO
(Officier dans l'Ordre du Mérite de l'Education Nationale)

A Mesdames et Messieurs :

- Le Maire de la Commune de Taabo;
- Les Directeurs et Chefs des services publics et parapublics.

Objet : Recherches universitaires dans vos services.

J'ai l'honneur de vous demander de bien vouloir réserver un accueil favorable à Monsieur KOUADIO Djeh Olivier, Etudiant à l'UFR-Communication, Milieu et Société de l'Université Alassane OUATTARA de Bouaké, dans le cadre de ses recherches portant sur le sujet: " **IRREGULARITES PLUVIOMETRIQUES ET PRODUCTION DE LA BANANE PLANTAIN DANSLA SOUS-PREFECTURE DE TAABO**" en vue de la préparation de son mémoir de MASTER 2 en Géographie.

ASSAMOI Florentin
Préfet de Département

REGION DE L'AGNEBY-TIASSA

DEPARTEMENT DE TAABO

SOUS-PREFECTURE DE TAABO

REPUBLIQUE DE COTE D'IVOIRE
Union-Discipline-Travail

Taabo, le 20 mars 2020

CIRCULAIRE N° 068 / SP-TAA.

Le Sous-Préfet
à
Messieurs le Chef du village de :
- **AHIREMOU II ;**
- AHONDO :
- AHOUAT Y ;
- KATIENOU :
- KOKOTI KOUAMEKRO ;
- KOTIESSOU :
- LELEBLE :
- TAABO VILLAGE

Objet : Autorisation de recherche

Dans le cadre de la rédaction de son mémoire de Master 2 sur le thème : « **Irrégularités pluviométriques et production de la banane plantain dans la Sous-préfecture de Taabo** », Monsieur KOUADIO Djèh Olivier étudiant en Master 2 à l'Université Alassane Ouattara de Bouaké, effectuera des visites de travail dans vos villages respectifs pour recueillir des informations nécessaires à la rédaction dudit mémoire.

Je vous saurais gré de l'assistance que vous voudriez bien lui apporter afin de faciliter le bon déroulement de ses séances de travail.

République de Côte d'Ivoire
SOUS-PREFECTURE DE TAABO
DEPARTEMENT DE TAABO

TRAORE Mariame Epse TRAORE
Sous-préfet

TABLE DES MATIERES

www.ingramcontent.com/pod-product-compliance
Lightning Source LLC
LaVergne TN
LVHW022309200926
848481LV00004B/1247
* 9 7 9 8 8 9 9 6 6 0 5 5 9 *